现代装配式建筑施工技术

吴修峰　李志伟　王靖男　主编

延吉·延边大学出版社

图书在版编目（CIP）数据

现代装配式建筑施工技术 / 吴修峰，李志伟，王靖
男主编 . -- 延吉 ： 延边大学出版社，2024. 6. -- ISBN
978-7-230-06704-1

Ⅰ. TU3

中国国家版本馆CIP数据核字第2024VV9414号

现代装配式建筑施工技术

XIANDAI ZHUANGPEISHI JIANZHU SHIGONG JISHU

主　　编：吴修峰　李志伟　王靖男
责任编辑：董　强
封面设计：文合文化
出版发行：延边大学出版社
社　　址：吉林省延吉市公园路977号　　　　邮　　编：133002
网　　址：http://www.ydcbs.com　　　　E-mail：ydcbs@ydcbs.com
电　　话：0433-2732435　　　　　　　传　　真：0433-2732434
印　　刷：三河市嵩川印刷有限公司
开　　本：710mm×1000mm　1/16
印　　张：11.5
字　　数：200 千字
版　　次：2024 年 6 月 第 1 版
印　　次：2024 年 6 月 第 1 次印刷
书　　号：ISBN 978-7-230-06704-1

定价：65.00元

编 写 成 员

主　　编：吴修峰　李志伟　王靖男

副 主 编：汪时磊　陈志俊　杨　勇　康　乐

　　　　　张　蕾　袁咏娴　赵彦春

编　　委：王秀营

编写单位：北京建工集团有限责任公司

　　　　　北京市建筑工程装饰集团有限公司

　　　　　哈尔滨科学技术职业学院

　　　　　浙江新世纪工程咨询有限公司

　　　　　江西省吉安市建筑安装工程总公司

　　　　　云南皓泰公路勘察设计有限公司

　　　　　北京昌水建筑有限公司

　　　　　山东泰山建工发展集团有限公司

　　　　　深圳市土木检测有限公司

　　　　　山东鲁郡建筑有限公司

　　　　　青岛乾坤环境艺术有限公司

前　言

随着建筑行业的不断发展，传统的施工技术已经很难满足现代社会的发展要求，因此装配式建筑施工技术开始出现并得到迅速发展。在施工过程中，应用装配式构件，不仅能确保工程质量，而且能加快施工进度。除此之外，装配式建筑节能环保，因此应当大力推广。

装配式建筑是用预制部品、部件在工地装配而成的建筑。发展装配式建筑是建造方式的重大变革，是推进供给侧结构性改革和新型城镇化发展的重要举措，有利于节约资源、减少施工污染、提升劳动生产效率和质量安全水平，有利于促进建筑业与信息化工业化深度融合、培育新产业新动能、推动化解过剩产能。装配式建筑施工不仅能减少能源消耗，还能降低建筑工程成本，对促进建筑行业的发展有重要作用。基于此，本书围绕现代装配式建筑施工技术展开深入研究。

本书从装配式建筑及施工概述入手，介绍了装配式建筑施工的相关内容，并在此基础上探讨了装配式混凝土建筑施工技术、装配式钢结构建筑施工技术、装配式木结构建筑施工技术以及装配式建筑装饰施工技术，论述了 BIM 技术在装配式建筑中的应用。

《现代装配式建筑施工技术》一书共六个章节，20 万余字。该书由北京建工集团有限责任公司吴修峰、北京市建筑工程装饰集团有限公司李志伟、哈尔滨科学技术职业学院王靖男担任主编，其中第一章、第二章、第三章由吴修峰负责撰写，字数 10 万余字；第四章、第五章第一节由李志伟负责撰写，字数 5 万余字；第五章第二节、第三节，第六章由王靖男负责撰写，字数 5 万余字。本书内容翔实、条理清晰，对促进现代装配式建筑施工技术的发展具有一定的指导意义。

  在写作过程中，笔者参阅了相关文献资料，在此，谨向其作者深表谢忱。由于笔者水平有限，书中若有疏漏、失误之处，恳请专家、同行批评指正。

笔者

2024 年 4 月

目　　录

第一章　装配式建筑及施工概述

第一节　装配式建筑概述

一、装配式建筑的概念

装配式建筑是指结构系统、外围护系统、设备与管线系统、内装系统的主要部分采用预制部品部件集成的建筑。其中，结构系统由混凝土部件（预制构件）构成的装配式建筑，称为装配式混凝土建筑。装配式建筑主要包括装配式混凝土建筑、装配式钢结构建筑和装配式木结构建筑。大力发展装配式建筑是推进建筑业转型发展的重要方式。

二、装配式建筑的特点

（一）标准化设计

标准化设计是指在一定时期内，面向通用产品，采用共性条件，制定统一的标准，开展的适用范围比较广的设计，适用于技术上成熟、经济上合理、市场容量充裕的产品设计。装配式建筑标准化设计的核心是建立标准化的部品部件单元。当装配式建筑所有的设计标准建立起来以后，建筑物的设计不再需要对从宏观到微观的所有细节进行逐一绘图，而是可以像机械设计一样选择标准件，满足功能要求。

装配式建筑采用标准化设计，可以保证设计质量，进而提高工程质量；可以减少重复劳动，加快设计速度；有利于推广新技术；便于实行构配件生产工厂化、装配化和施工机械化，提高劳动生产率，加快建设进度；有利于节约建设材料，降低工程造价，提高经济效益。

（二）工厂化生产

工厂化生产是指在人工创造的环境（如工厂）中进行全过程的作业，从而摆脱自然界的制约，是能够综合运用现代高科技、新设备和管理方法而发展起来的一种全面机械化、自动化的生产。

建筑行业传统的现场作业施工方式受施工条件和环境的影响，机械化程度低，普遍采用的是过度依赖一线工人手工作业的人海战术，效率低，误差控制往往只能达到厘米级，且人工成本高。采用工厂化生产，可以运用先进的管理方法，从而提高工程效益、降低工程成本。此外，将大量作业内容转移到工厂里，不仅改善了劳动条件，对实现节能、节地、节水、节材、环境保护的"四节一环保"目标也具有非常重要的促进作用。

（三）装配化施工

装配化施工是通过一定的施工方法及工艺，将预先制作好的部品部件连接成所需要的建筑结构造型的施工方式。装配化施工不仅可以加快施工进度，提高劳动生产率，还可以减少施工现场的污染排放量。装配化施工既是绿色施工的重要抓手，也是对可持续发展理念的运用，对促进建筑业的转型升级具有积极的作用。

（四）信息化管理

信息化管理是以信息化带动工业化，实现行业管理现代化。它是指将现代信息技术与先进的管理理念相融合，转变行业的生产方式、经营方式和组织方式，重新整合内外部资源，提高效率和效益。

就装配式建筑而言，信息技术的广泛应用会集成各种优势，实现标准化和集约化发展。加之信息的开放性，可以调动人们的积极性，促使工程建设各专业主体之间信息、资源共享，有效地避免各专业之间不协调的问题，加快工程进度，提高效率。

（五）一体化装修

一体化装修是指将装修工作与预制构件的设计、生产、制作、装配、施工一体化完成，也就是实现装修与主体结构的一体化。一体化装修将管线安装、墙面装饰、部品安装一次完成到位，避免重复。事先统一进行建筑构件上的孔洞预留和装修层固定件的预埋，避免在装修施工阶段对已有建筑构件打凿、穿孔，既保证了结构的安全性，又减少了噪声和建筑垃圾。

（六）智能化应用

装配式建筑的智能化应用目前尚处于起步阶段，主要应用于安全防护系统、通信控制系统。不过，随着科学技术的进步和人们对其功能要求的提高，装配式建筑的智能化应用一定会迎来进一步的发展。

发展装配式建筑是实施推进"创新驱动发展、经济转型升级"的重要举措，也是切实转变城市建设模式，建设资源节约型、环境友好型城市的现实需要。发展装配式建筑是推进新型建筑工业化的一个重要载体和抓手。

三、装配式建筑的分类

装配式建筑按照建造过程，先由工厂生产所需要的建筑构件，再进行组装。它一般按建筑结构体系和构件材料来分类。

（一）按建筑结构体系分类

1.砌块建筑

砌块建筑是用预制的块状材料砌成墙体的装配式建筑，适用于 3～5 层的建筑，若提高砌块强度或配置钢筋，则可适当增加层数。砌块建筑具有适应性强、生产工艺简单、施工简便、造价较低的特点。

建筑砌块有小型、中型、大型之分：小型砌块适于人工搬运和砌筑，工业化程度较低，灵活方便，使用较广；中型砌块可用小型机械吊装，节省砌筑劳动力；大型砌块已被预制大型板材所代替。

2.板材建筑

板材建筑由工厂预制生产的大型内外墙板、楼板和屋面板等板材装配而成，是工业化体系建筑中全装配式建筑的主要类型。板材建筑可以减轻结构重量，提高劳动生产率，扩大建筑的使用面积，提高建筑的防震能力。板材建筑的内墙板多为钢筋混凝土的实心板或空心板；板材建筑的外墙板多为带有保温层的钢筋混凝土复合板，也可用由轻骨料混凝土、泡沫混凝土或大孔混凝土等制成带有外饰面的墙板。

3.盒式建筑

盒式建筑，也称集装箱式建筑，是在板材建筑的基础上发展起来的一种装配式建筑。盒式建筑工厂化的程度很高，现场安装快，其不但可在工厂制成盒子的结构部分，而且可以安装好设备，甚至连家具、地毯都装配齐全。盒式建筑吊装完成、接好管线后即可使用。

盒式建筑的装配形式如下：

①全盒式建筑，完全由承重盒子重叠组成的建筑。

②板材盒式建筑，将小开间的厨房、卫生间或楼梯间等做成承重盒子，再与墙板和楼板等组成的建筑。

③核心体盒式建筑，以承重的卫生间盒子为核心体，四周再用楼板、墙板或骨架组成的建筑。

④骨架盒式建筑，用轻质材料制成的许多住宅单元或单间式盒子，支承在承重骨架上形成的建筑。有的骨架盒式建筑用轻质材料制成包括设备和管道的卫生间盒子，安置在其他结构形式的建筑内。

盒式建筑工业化程度较高，但投资大、运输不便，且设备需用重型吊装，因此，发展受到限制。

4.骨架板材建筑

骨架板材建筑由预制的骨架和板材组成，其承重结构一般有两种形式：一种是由柱、梁组成的承重框架，再搁置楼板和非承重的内外墙板的框架结构；另一种是由柱、楼板组成的承重板柱结构，内外墙板是非承重的。承重骨架一般多为重型的钢筋混凝土结构，也有采用钢和木做成骨架和板材的组合，常用于轻型装配式建筑中。骨架板材建筑结构合理，可以减轻建筑物的自重，内部分隔灵活，适用于多层和高层的建筑。

5.升板和升层建筑

这种建筑的结构由板与柱联合承重。这种建筑是在底层混凝土地面上重复浇筑各层楼板和屋面板，竖立预制钢筋混凝土柱，以柱为导杆，用放在柱上的油压千斤顶把楼板和屋面板提升到设计的高度并加以固定。外墙可用砖墙、砌块墙或幕墙等，也可以在提升楼板时提升滑动模板，浇筑外墙。升板建筑施工时的大量操作在地面上进行，减少高空作业和垂直运输，节约模板和脚手架，并可减小施工现场的面积。升板建筑多采用无梁楼板或双向密肋楼板，楼板同柱的连接节点常采用后浇柱帽或承重销、剪力块等无柱帽节点。升板建筑的柱距较大，楼板的承载力也较强，多用于商场、仓库、工厂和多层车库等。升层建筑是在升板建筑每层的楼板还在地面时先安装好内外预制墙体，将其一起提升的建筑。升层建筑可以加快施工速度，比较适用于场地受限制的地方。

（二）按构件材料分类

由于建筑构件的材料不同，因此集成化生产的工厂及工厂的生产线的生产方式不同，由不同材料的建筑构件组装的建筑也不同。所以，装配式建筑可以按建筑构件的材料分类。

1.预制装配式混凝土结构建筑

预制装配式混凝土结构是指由预制混凝土构件通过可靠的连接方式装配而成的混凝土结构，包括装配整体式混凝土结构、全装配混凝土结构等。

（1）剪力墙结构

装配整体式混凝土剪力墙结构是指全部或部分剪力墙采用预制墙板构建而成的装配整体式混凝土结构。采用剪力墙结构的建筑物室内无高于墙面的梁、柱等结构构件，室内空间规整。剪力墙结构的主要受力构件剪力墙、楼板，以及非受力构件墙体、外装饰等均可预制。

预制装配式剪力墙结构可以分为部分或全预制剪力墙结构、多层装配式剪力墙结构、叠合板式混凝土剪力墙结构等。

（2）框架结构

装配整体式混凝土框架结构是指全部或部分框架梁、柱采用预制构件建成的装配整体式混凝土结构，简称装配整体式框架结构。

装配整体式框架结构主要应用于空间要求较大的建筑，如商店、学校、医院等。该结构传力合理，抗震性能好。框架结构的主要受力构件及非受力构件均可预制。预制构件的种类一般有全预制柱、全预制梁、叠合梁、预制板、叠合板、预制外挂墙板等。

装配整体式框架结构的技术特点：预制构件标准化程度高，构件种类较少，各类构件重量差异较小，起重机械性能利用充分，技术经济合理性较高；建筑物拼装节点标准化程度高，有利于提高工效；钢筋连接及锚固可全部采用统一形式，机械化施工程度高，质量可靠，结构安全，现场环保等。

传统框架结构建筑平面布置灵活，造价低，在低层、多层住宅和公共建筑中得到广泛应用。根据国内外的研究成果，装配整体式框架结构在采用了可靠的节点连接方式和合理的构造措施后，其性能可等同于现浇混凝土框架结构。

2.预制集装箱式结构建筑

预制集装箱式结构的主要材料是混凝土，其一般按建筑的需求做成建筑的部件。一个部件就是一个房间，将这些部件吊装组合起来，就相当于一个集成的箱体（类似集装箱）。

3.预制装配式钢结构建筑

预制装配式钢结构建筑是以钢材为构件的主要材料，外加楼板和墙板及楼梯组装成的建筑。预制装配式钢结构又分为全钢（型钢）结构和轻钢结构。全钢结构的承重采用型钢，有较大的承载力，可以装配高层建筑；轻钢结构以薄壁钢材为构件的主要材料，内嵌轻质墙板，一般装配多层建筑。

4.木结构装配式建筑

木结构装配式建筑所需的柱、梁、板、墙、楼梯等构件都用木材制造，然后进行装配。木结构装配式建筑具有良好的抗震、环保性能，很受使用者的欢迎。

四、装配式建筑的评价

装配式建筑的装配化程度由装配率来衡量。装配率是指单体建筑室外地坪以上的主体结构、围护墙和内隔墙、装修和设备管线等采用预制部品部件的综合比例。构成装配率的衡量指标相应包括装配式建筑的主体结构、围护墙和内隔墙、装修和设备管线等部分的装配比例。

（一）评价单元的确定

装配式建筑的装配率计算和装配式建筑等级评价应以单体建筑为计算和评价单元，并应符合以下规定：①单体建筑应按项目规划批准文件的建筑编号确认；②建筑由主楼和裙房组成时，主楼和裙房可按不同的单体建筑进行计算和评价；③单体建筑的层数不大于 3 且地上建筑面积不超过 500 m² 时，可由多个单体建筑组成建筑组团作为计算和评价单元。

（二）评价的分类

为保证装配式建筑评价的质量和效果，切实发挥评价工作的指导作用，装配式建筑评价可分为预评价和项目评价，并应符合以下规定：①设计阶段宜进行预评价并按设计文件计算装配率。预评价的主要目的是促进装配式建筑设计理念尽早融入项目实施中。如果预评价结果满足控制项要求，评价项目可结合预评价过程中发现的不足，通过优化设计方案，进一步提高装配化水平；如果预评价结果不满足控制项要求，评价项目应通过修改设计方案使其满足要求。②项目评价应在项目竣工验收后进行并按竣工验收资料计算装配率和确定评价等级。评价项目应通过工程竣工验收后，再进行项目评价，并以此评价结果作为项目最终评价结果。

（三）认定评价标准

装配式建筑应同时满足以下三项要求：

1.主体结构部分的评价分值不低于 20 分

主体结构包括柱、承重墙等竖向构件，以及梁、板、楼梯、阳台、空调板等水平构件。这些构件对建筑物的结构安全起到决定性作用。推进主体结构的装配化对发展装配式建筑有着非常重要的意义。

2.围护墙和内隔墙部分的评价分值不低于 10 分

新型装配式墙体的应用对提高建筑质量、改变建造方式等都具有重要意义。逐步推广新型建筑墙体也是装配式建筑的重点工作。非砌筑是新型建筑墙体的共同特征之一。将围护墙和内隔墙采用非砌筑类型墙体作为装配式建筑评价的控制项，也是为了推动其更好地发展。非砌筑类型墙体包括采用各种中大型板材、幕墙、木材及复合材料的成品或半成品复合墙体等，满足工厂生产、现场安装的要求。

3.装配率不低于 50%

装配式建筑宜采用装配化装修。装配化装修是将工厂生产的部品部件在现场进行组合安装的装修方式，主要包括干式工法楼（地）面、集成厨房、集成卫生间等。这里主要介绍集成厨房与集成卫生间。

集成厨房是指地面、吊顶、墙面、橱柜、厨房设备及管线等通过集成设计、工厂生产，在工地主要采用干式工法装配完成的厨房。集成厨房多指居住建筑中的厨房。集成卫生间是指地面、墙板、洁具设备及管线等通过集成设计、工厂生产，在工地主要采用干式工法装配完成的卫生间。集成卫生间充分考虑卫生间空间的多样组合或分隔，包括多器具的集成卫生间产品和仅有单一功能模块的集成卫生间产品。集成厨房和集成卫生间是装配式建筑装修的重要组成部分，其设计应遵循标准化、系列化原则，并符合干式工法施工的要求，在制作和加工阶段实现装配化。

（四）评价等级划分

当评价项目满足"认定评价标准"提到的三点要求，且主体结构竖向构件中预制部品部件的应用比例不低于 35%时，可进行装配式建筑等级评价。

装配式建筑评价等级划分为 A 级、AA 级、AAA 级，并应符合以下规定：①装配率达到 60%～75%时，评价为 A 级装配式建筑；②装配率达到 76%～90%时，评价为 AA 级装配式建筑；③装配率达到 91%及以上时，评价为 AAA 级装配式建筑。

第二节　装配式建筑施工的
流程与优势

一、装配式建筑施工的流程

装配式建筑施工的流程包括构件加工、构件的运输与存放、构件吊装、构件连接。

（一）构件加工

构件加工的质量直接影响工程质量，构件厂的选择直接影响工程成本，构件厂的加工精度直接影响工程建设进度。在构件加工之前，构件厂应进行深化设计，将构件设计图纸中存在的问题及时反馈给设计单位。现阶段，预制构件的模具大多使用钢材料，模具标准化程度、通用性较差，因此开模费用较高。在预制构件浇筑混凝土时，需要控制混凝土浇筑厚度，也需要留意模板中钢筋以及预埋套筒的位置，防止其错位，降低构件加工精度。

（二）构件的运输与存放

1.构件的运输

构件如果在运输、吊装等环节发生损坏，将会很难补修，既耽误工期又造成经济损失。因此，构件的运输非常重要。

构件运输的准备工作主要包括制定运输方案、设计并制作运输架、验算构件强度、清查构件。

（1）制定运输方案

此环节需要综合考虑运输构件的实际情况、装卸车现场及运输道路的情况、当地的起重机械和运输车辆的供应条件以及经济效益等因素，最终选定运输方法，选择起重机械（装卸构件用）、运输车辆和运输路线。按照客户指定的地点及货物的规格和重量制定运输路线，确保运输条件与实际情况相符。

（2）设计并制作运输架

根据构件的重量和尺寸设计、制作运输架，尽量考虑运输架的通用性。

（3）验算构件强度

对钢筋混凝土屋架和钢筋混凝土柱子等构件，根据运输方案所确定的条件，验算构件在最不利截面处的抗裂度，避免在运输中出现裂缝。如有出现裂缝的可能，应进行加固处理。

（4）清查构件

清查构件的型号和数量，有无加盖合格印和出厂合格证书等。

2.构件的存放

构件的存放场地应平整坚实。堆放构件时，应使构件与地面之间留有一定空隙。根据构件的刚度及受力情况，确定构件平放或立放。板类构件宜叠合平放，大型桩类构件宜平放，薄腹梁、屋架、桁架等宜立放，墙板类构件宜立放。立放又可分为插放和靠放两种方式。插放时，场地必须清理干净，插放架必须牢固，挂钩工应扶稳构件，垂直落地；靠放时，应有牢固的靠放架，必须对称靠放，板的上部应用垫块隔开。

（三）构件吊装

构件吊装是指利用吊装设备将构件吊起并安放在指定位置。构件吊装应严格按照事先编制的装配式建筑施工方案的要求组织实施。构件卸货时，一般直接堆放在可直接吊装的区域，避免出现二次搬运的情况。若因场地条件限制，无法一次性堆放到位，可根据现场实际情况，选择塔吊或汽车吊在场地内进行二次搬运。

（四）构件连接

构件与接缝处的纵向钢筋应根据接头受力、施工工艺等情况的不同，选用钢筋套筒灌浆连接、焊接连接、机械连接、螺栓连接、栓焊混合连接、绑扎连接、混凝土连接等连接方式。

装配整体式框架、装配整体式剪力墙等结构中的顶层、端缘部的现浇节点中的钢筋无法连接或者连接难度大，不方便施工。在上述情况下，将受力钢筋采用直线锚固、弯折锚固、机械锚固等连接方式，锚固在后浇节点内以达到连接的要求，以此来提高装配整体式结构的刚度和性能。

二、装配式建筑施工的优势

（一）节约建筑资源

装配式建筑的一个重要优势，是实现建筑的标准化建造。装配式建筑的标准化部件生产，可以使下料精度更高，从而保证对物料用量的精准把控，降低对钢模、木料、水泥、保温材料等主要建材的消耗。与此同时，相较于现场操作，工厂集约化的施工方式能够降低对水、电的消耗。

（二）缩短施工周期

普通建筑的地基建设、楼体浇灌、搭建过程是非常耗时间的，传统砖瓦结构的塔楼与板楼，无论是原材料的准备、现场水泥材料的混制、后期的施工，还是施工完成以后的装饰等，都需要一个过程，而装配式建筑施工的一个显著优点，就是能省去砖混结构复杂的搭建过程，它只需要进行新进材料与外立面、内立面的简单组装工作，即可实现与传统砖混结构建筑等同的外观、强度。此外，装配式建筑的构件是工厂集约化生产的，能够省工、省料，不同的工艺车间负责不同建筑构件的生产，可以省去繁杂的工序，从而使各个部件的生产更加高效。

（三）提升施工质量

由于大部分的构件是通过工厂预制加工完成的，因此在现场施工时，施工人员只需要对构件的尺寸及平整度等参数进行调整，就可以对施工精度进行控制，从而保证装配式建筑施工的质量。在施工过程中，施工单位还会借助自动化、智能化等先进的现代化技术，辅助完成施工工作，这样可以避免因人为失误而出现的质量问题。将建筑构件移至工厂中统一进行生产，可以有效监控构件的加工、制作过程，确保构件制作过程的标准化与规范化，保证构件的质量。同时，将传统建筑模式下的部分工作转移到工厂中完成后，需要在现场完成的工序较少，大幅度地减轻了现场施工阶段的资源调配与质量控制的压力，减少了施工现场环境因素对施工质量及速度的影响。

（四）节约劳动力，改善作业环境

装配式建筑的大部分构件是通过工厂统一加工、集中生产的方式制作的。随着科技的进步，工业生产已经逐渐实现了自动化，与传统的建筑模式相比，不仅施工速度得到了显著的提升，还可以有效节约人力成本。同时，将传统模式中的现场作业模式转变为工厂作业模式，将施工环境从室外转至室内，将流动性作业转变为集中性作业，由自动化、现代化的设备替代人力完成高空作业等危险性较高的作业活动，有效地改善了施工人员的作业环境。

（五）减少环境污染

在传统的建筑模式下，施工单位需要在施工现场完成钢筋搬运、混凝土浇筑等施工工序，施工现场会有很多车辆进出。多台大型机械设备同时运行，会产生严重的扬尘及噪声污染，对施工现场的工作人员、周边居民及环境造成不利的影响。装配式建筑施工时，需要在现场完成的工序较少，大部分易产生扬尘及噪声的施工工序都转移到工厂中完成，施工单位只需在现场完成后续的组装施工即可，可以将施工带来的不利影响降至最低。

第三节　装配式建筑施工的
发展现状与管理措施

装配式建筑的出现和兴起表明我国建筑行业已跨入一个新的发展里程。开展装配式建筑施工可有效改善传统建筑施工中的高能耗和高污染问题，具有比较优越的社会效益和环境效益，与我国提出的环境和生态建设战略要求相契合，因而得到快速发展。但是，我国装配式建筑施工还处于初步发展阶段，仍需要加强对装配式建筑施工的研究。

一、装配式建筑施工的发展现状

（一）管理信息呈现碎片化特征，存在信息流壁垒

现阶段，装配式建筑施工的各个环节还较为分散，没有形成统一的整体。如果在实际管理中并未有效针对管理信息开展共享与交流工作，那么在装配式建筑施工过程中每一个施工环节的施工效率都会大幅降低，这样不仅延长了工期，而且在一定程度上增加了成本支出。此外，现阶段用于建筑行业的 BIM（building information modeling，建筑信息模型）软件在自主开发方面存在明显的力度不足的问题，在进行二次开发方面也存在程度差异较大等问题，尤其是与各类信息交流时存在明显的信息流壁垒。

（二）装配式建筑在安装方面存在质量问题

在进行装配式建筑施工时，如果没有有效开展相应的工程项目管理工作，就可能使工程用的钢筋出现各种问题。如果偏差比较严重，施工中采用的钢筋就很难在相关的建筑构件中进行穿插。在预制墙板施工环节，要使用一些竖向钢筋来提高墙板的质量，在对钢筋位置进行定位时必须保证其精度，这样才能确保施工顺利进行。

二、装配式建筑施工的管理措施

（一）健全装配式建筑施工管理的全过程控制

装配式建筑施工管理的全过程控制是保证项目顺利进行和高质量完成的关键。该优化策略包括以下关键步骤：首先，在项目启动阶段要进行项目计划的制定。项目计划应明确规定项目目标、时间和质量要求，并逐步分解各项任务，以便对项目进展进行有效控制。其次，在装配式建筑施工中，由于需要多个参与方协同配合，通常涉及多方合作和大量资源调配，因此需要建立有效的团队沟通和协同机制。这些机制包括建立协调会议、设立联络员、建立信息共享制度等，以供各方充分利用资源，推动项目顺利完成。同时，制定相应的风险控制策略和应急响应计划，以应对项目运行过程中可能出现的各种风险。

（二）加强装配式建筑施工设备监管

在装配式建筑施工时，必须结合实际情况制定科学的施工方案，选择合适的施工技术，同时合理操控机械设备。要定期检查施工机械设备，保证机械设备性能良好。技术人员在操作过程中必须严格按照要求进行，防止因操作不当而使机械设备出现故障。在装配式建筑施工过程中，要建立和完善智能化工程管理系统，借助有序性控制模型对施工现场进行管理和控制。

（三）可视化技术交底

装配式建筑施工相较传统施工方式更为复杂，需要加强技术管理。在以往的施工过程中，施工人员无法深入分析、设计一些复杂和危险的施工节点，引入 BIM 技术后，相关人员可以将装配式建筑施工的技术要求、工序、流程、安全注意事项等信息进行可视化呈现，经过空间信息与时间信息的整合，最终得到 4D 模型。在此模型中，各项目参与方可以更清晰地了解工程具体情况，为装配式建筑施工提供更加科学、高效、安全的管理和技术支持，实现技术交底可视化，以提高工程质量和施工效率。

除了提高施工效率和质量，BIM 技术的引入也有助于监控施工进度，实现虚拟进度展示，可以对施工计划进行优化，避免误差和延期，降低施工风险。

（四）构建安全生产管理体系，加强安全教育培训

要做好装配式建筑施工安全管理工作，首先要做的是构建安全生产管理体系。该体系将项目经理作为第一负责人，并对规章制度、操作规则等细节问题进行完善。在该体系的指导下，管理人员应增强风险意识，严格督促施工人员开展隐患排查工作，务必及时制止和纠正违规行为，将安全生产整改措施落实到施工过程中。此外，管理人员要重视安全教育培训方面的工作，聘请相关专家向施工人员讲解装配式建筑施工管理的有关知识。同时，随着科学技术的日新月异，施工单位应充分运用 BIM＋VR（virtual reality，虚拟现实）技术对施工人员进行可视化安全教育，改变传统的教授方式，利用实景效果为施工人员演示模拟操作过程。

（五）加强市场推广与宣传

在装配式建筑行业快速发展的背景下，加强市场推广和宣传具有重要意义。首先，利用多种媒体进行宣传推广。利用互联网、电视、杂志等媒体开展广告宣传工作，将装配式建筑展现给更多潜在客户；装配式建筑企业还可以通过开展专业论坛、展会等活动展示行业最新成果，吸引更多市场关注。其次，加强与相关机构、政府部门和行业协会的合作。一方面，这些机构和部门可以提供政策支持和协调服务；另一方面，可为企业搭建信息共享平台，帮助企业更好地了解市场需求和发展趋势，提高产品竞争力。最后，企业要打造自身品牌。打造自身品牌可以帮助企业提高市场认知度，提高产品销售量和企业竞争力。

第二章　装配式混凝土
建筑施工技术

第一节　装配式混凝土建筑概述

一、装配式混凝土建筑发展背景

（一）发展的现实问题

建筑业在国民经济中的作用十分突出，在实现中华民族伟大复兴中国梦的过程中，建筑业责任重大。改革开放以来，我国建筑业蓬勃发展，不仅为人民提供了适用、安全、经济、美观的居住和生产生活环境，还改善了城市与乡村的面貌，推进了城镇化进程。

然而，随着我国经济的发展，建筑业传统的施工方式暴露出诸多严重的问题。这些问题主要体现在以下几个方面：

1.环境污染严重

我国建筑业传统的施工方式多为粗放式，现场土方工程量大，湿作业工作量大，加之文明施工和环境保护的技术措施得不到切实有效的监管和落实，容易对环境造成严重的污染和破坏。

2.建设效率偏低

在传统的施工方式中，绝大多数的施工环节是在施工现场完成的。受施工现场作业环境的影响，施工机械应用效果大打折扣，很多施工环节需要依靠建筑工人手工完成，这严重影响了建设工程的生产效率。

此外，施工现场有大量的湿作业内容，而现场湿作业的施工机械需要足够的养护时间，这必然影响相关工序的进行，进而影响建设工程的生产效率。

3.管理模式落后

目前，我国多数建设项目的勘察、设计、施工以及材料供应工作是由不同的企业负责完成的，各企业之间有时得不到良好、有效的沟通，甚至个别企业只考虑本企业的利益，对项目的整体效益漠不关心，出现的错误也得不到及时纠正。

4.可预见的用工荒

在传统的施工方式中，建筑工地现场需要大量的建筑工人，他们需要进行各工种的手工作业。手工作业的工作强度大、环境差，并且具有一定的危险性。这样的工作条件导致这类工作的从业人员流失严重，并且愿意投身这类工作的人员越来越少。可以预见，在不久的将来，建筑业将会出现用工荒。

5.其他问题

建筑业传统的施工方式还存在一些其他问题，如工期较长、从业人员素质偏低等。

基于以上这些问题，我国建筑业亟须转变生产和施工方式，以迎合新时期、新形势对建筑业的要求。

（二）发展的支持条件

建筑业的产业升级不能盲目，需要在有利条件的支持下逐步推进。目前，建筑业对产业升级的支持条件主要表现在以下几个方面：

1.建筑的结构性能安全可靠

目前，我国钢筋混凝土结构的建筑主要采用现场浇筑的施工技术。现浇结构施工技术经过数十年的积累和沉淀，已经相当成熟。只要严格按照国家和行业要求进行合理的勘察、设计、施工、监理以及材料供应与采购，在合理的使用荷载以及小震状态下，绝大多数建筑物都能表现出良好的结构性能。

目前，我国建筑业技术日益成熟，建造的房屋安全可靠，因此建筑业可以在保持良好产品质量的同时，探索更环保、更高效、更机械化、更节约的生产方式。

2. 生产施工能力较强

改革开放以来，我国城镇化建设的步伐逐渐加快。各个城市经济、文化和体育事业的发展，都需要建筑业提供良好的基础设施。面对巨大的需求压力，我国建筑业表现出了较高的生产和施工能力。这种较强的生产和施工能力，不仅体现在能够完成大规模的生产任务上，还体现在良好的现场吊装能力、运输能力、成品保护能力上。

3. 国外大量先进经验可借鉴

我国建筑业虽蓬勃发展，取得的成绩喜人，但与世界发达国家的建筑业相比仍处于相对落后的地位。但正因为一些发达国家在建筑业的方向探索上走在前面，形成了成熟的建筑体系，所以我国在建筑业产业升级上才有了可以学习和借鉴的成果。我国可以通过总结各国建筑业发展的经验和教训，再结合我国建筑业的发展水平，探索出适合我国建筑业转型发展的道路。

4. 建筑产业现代化

在新时期、新形势下，我国建筑业必须优化产业结构，加快建设速度，改善劳动条件，提高劳动生产率，走上集约化、效益化道路。

建筑产业现代化以绿色发展为理念，以住宅建设为重点，以新型建筑工业化为核心，广泛运用现代科学技术和管理方法，以工业化、信息化的深度融合来对建筑全产业链进行更新、改造和升级，实现传统生产方式向现代工业化生产方式转变，从而全面提高建筑工程的效率、效益和质量。

建筑产业现代化是整个建筑产业链的现代化，是把建筑工业化向前端的产品开发以及下游的建筑材料、建筑能源甚至建筑产品的销售延伸，是整个建筑业在产业链内资源的更优化配置。建筑产业现代化不仅强调技术的主导作用，还强调技术与经济、市场的结合。其基本内涵表现为以下几个方面：

（1）最终产品绿色化

20世纪80年代，世界自然保护联盟提出"可持续发展"理念，党的十五大明确提出了中国现代化建设必须实施可持续发展战略。传统建筑业资源消耗大、建筑能耗大、污染物排放多、固体废弃物利用率低。党的十八大提出了"推进绿色发展、循环发展、低碳发展"和"建设美丽中国"的战略目标。面对来自建筑节能环保方面的更大挑战，2013年国家启动《绿色建筑行动方案》，在政策层面上表明要大力发展节能、环保、低碳的绿色建筑。党的十八届五中全会强调，必须牢固树立并切实贯彻创新、协调、绿色、开放、共享的发展理念。

（2）建筑生产工业化

建筑生产工业化是建筑产业化的核心。建筑生产工业化是指用现代工业化的大规模生产方式代替传统的手工业生产方式来建造建筑产品。目前，建筑生产工业化主要是指在建筑产品形成的过程中，大量的建筑构件可以通过工业化和工厂化的生产方式进行生产，从而最大限度地加快建设速度，改善作业环境，保障工程质量和生产安全，提高劳动生产率，降低劳动强度，减少资源消耗和污染物排放，以合理的成本和工期来建造适合各种使用要求的建筑。

（3）全产业链集成化

借助信息技术手段，用整体综合集成的方法把工程建设的全部环节组织起来，使设计、采购、施工、机械设备和劳动力资源配置更加优化；采用工程总承包的组织管理模式，使各类资源在有限的时间内发挥最有效的作用，提高资源的利用率，创造更大的效用价值。

（4）管理人员高素质化

新形势下建筑业的发展要求建筑行业的管理人员必须具备高素质。为了保证建筑工程项目的顺利进行，实现工程建设的既定目标，无论是建设项目的管理人员，还是建筑企业的管理人员，都必须具备遵纪守法、诚实守信、技术精湛、吃苦耐劳、懂管理、善经营的素质。

（5）产业工人技能化

随着建筑业科技含量的提高，繁重的体力劳动将逐步减少，复杂的技能型操作工序将大幅度增加，这对操作工人的技术能力也提出了更高的要求。因此，实现建筑产业现代化，急需强化职业技能培训，培养具有一定专业技能水平的产业工人。

二、我国装配式混凝土建筑的发展历程

（一）起步阶段

我国装配式混凝土建筑起源于 20 世纪 50 年代。那时中华人民共和国刚刚成立，百废待兴，发展建筑业、改善人民居住环境迫在眉睫。当时，我国著名建筑学家梁思成先生就已经提出了"建筑工业化"的理念，并且这一理念被纳入中华人民共和国第一个"五年计划"中。借鉴苏联和东欧国家的经验，我国建筑业大力推行标准化、工业化和机械化，发展预制构件和装配式施工的房屋建造方式。1955 年，北京第一建筑构件厂兴建，并于 1958 年正式投入生产；1959 年，我国采用预制装配式混凝土技术建成了高达 12 层的北京民族饭店。

（二）持续发展阶段

20 世纪 60 年代初到 80 年代初，我国装配式混凝土建筑进入了持续发展阶段，多种装配式建筑得到了快速发展，其原因有以下几点：①当时各类建筑标准不高，形式单一，易于采用标准化方式建造；②当时对房屋建筑的抗震性能要求不高；③当时的建筑业建设总量不大，预制构件厂的供应能力可以满足建设要求；④当时我国资源相对匮乏，木模板、支撑体系和建筑用钢筋短缺；⑤在计划经济体制下，施工企业采用固定用工制，预制装配式施工方式可以减

少现场劳动力投入。

（三）低潮阶段

1976 年，我国发生了唐山大地震。地震中预制装配式房屋破坏严重，其结构整体性、抗震性差的缺点暴露出来。随着我国经济的发展，建筑业建设规模急剧扩大，建筑设计也呈现出个性化、多样化的特点，而当时的装配式生产方式和施工能力无法满足新形式的要求。我国装配式混凝土建筑的发展在 20 世纪 80 年代进入低潮阶段。然而，随着各类模板、脚手架的普及以及商品混凝土的广泛应用，现浇结构施工技术得到了发展。

（四）新发展阶段

随着改革开放的不断深入和我国经济的快速发展，建筑业与其他行业一样都在进行工业化改造，预制装配式建筑又开始焕发出新的生机。

2017 年 11 月，住房和城乡建设部分别认定 30 个城市和 195 家企业为第一批装配式建筑示范城市和产业基地。示范城市分布在东、中、西部，装配式建筑发展各具特色；产业基地涉及 27 个省、自治区、直辖市，产业类型涵盖设计、生产、施工、装备制造、运行维护等。

第二节　装配式混凝土建筑剪力墙的
预制构件施工

一、实心剪力墙预制构件施工

在施工前，应进行标准化设计，根据结构、建筑的特点将预制实心剪力墙、预制叠合梁、叠合楼板、预制楼梯等构件进行拆分，并确定生产及吊装顺序，在工厂内进行标准化生产，现场采用 60 t 塔吊进行构件安装。

预制实心剪力墙纵向钢筋采用半灌浆套筒连接，对预制实心剪力墙钢筋定位要通过自制的固定钢模具进行调整。预制实心剪力墙与预制叠合梁的节点采用混凝土浇筑，叠合楼板与叠合梁采用搭接的方式连接。

预制实心剪力墙施工流程如图 2-1 所示。

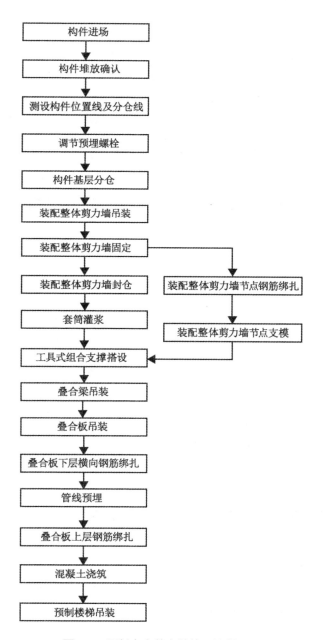

图 2-1 预制实心剪力墙施工流程

（一）准备工作

1.技术准备

（1）技术准备要点

①根据工程项目的构件分布图，制定项目的安装方案，并合理地选择吊装机械。

②构件临时堆场应尽可能地设置在吊机的辐射半径内，减少现场的二次搬运，同时构件临时堆场应平整坚实，有排水设施。

③规划临时堆场及运输道路时，如在车库顶板，须对堆放全区域及运输道路进行加固处理。

（2）吊装前准备

①所有构件吊装前必须在基层或者相关构件上将各个截面的控制线放好，以提高吊装效率和控制质量。

②构件安装前，严格按照《装配式混凝土建筑工程施工质量验收规程》对预制构件、预埋件以及配件的型号、规格、数量等进行全面检查。

③吊装前必须整理吊具，对吊具进行安全检查，这样可以保证吊装质量，同时也可以保证吊装安全。

④构件应该根据现场安装顺序进场，应对进入现场的构件进行严格的检查，检查其外观质量和型号、规格等是否符合安装要求。

2.现场准备

（1）构件运输

制定运输方案，构件运输时间根据吊装计划统一协调，运输时构件按规范固定，并做好成品构件边角保护措施，在每个送货车上标注构件的信息资料。

（2）构件堆放

①根据现场施工实际情况，确定场内运输道路及材料堆放场地的位置，并将构件堆放地确定在各楼塔吊作业半径内规划区域，部分零星构件直接随车吊装。

②堆放要求：

a.按照规格、品种、所用部位、吊装顺序分别堆放；运输道路及堆放场地平整、坚实，并有排水措施。

b.构件支撑应坚实，垫块在构件下的位置与脱模、吊装时的起吊位置一致。

c.预制实心剪力墙采用灵活布置货架竖向堆放，货架位置在构件距边 1/4 处。预埋吊件应朝上，标识宜朝向堆垛间的通道。

③叠合板入场堆放要求：

a.预埋吊件应朝上，标识宜朝向堆垛间的通道。

b.构件支撑应坚实，垫块在构件下的位置与脱模、吊装时的起吊位置一致。

c.重叠堆放构件时，每层构件间的垫块应上下对齐，堆垛层数应根据构件、垫块的承载力确定，最多不超过 5 层。

（3）构件的验收

①检查预制构件数量、质量证明文件和出厂标识。预制构件进入现场应有产品合格证、出厂检验报告，每个构件应有独立的构件编号，进场构件按进场的批次进行质量抽样检查，检验结果符合要求的预制构件方可使用。

②还应对预制构件进行外观质量检查，存在一般缺陷的需修补，存在严重缺陷的不得使用。

③检查进场预制构件尺寸。

3.施工准备

（1）施工机具用具准备

若混凝土预制构件较重，则应考虑每幢单体建筑设置一台塔吊，并均大致设置于建筑中部位置，将预制构件卸点及堆场设置于以塔机位置为中心、以最重预制构件位置与塔机位置距离为半径的范围内，以此方式使塔吊的起重能力得到最合理的发挥。

（2）人员准备

要选择已实施过多个装配式混凝土建筑工程项目的管理人员及作业人员。这些管理人员能力高超、经验丰富，作业人员操作熟练，具备全面的装配式混凝土建筑工程施工知识。

此外,还应挑选合适的装配式混凝土建筑工程施工作业队伍进行实心剪力墙预制构件部分的施工。

(二)构件安装施工

对于装配式实心剪力墙体系,其在施工过程中主要完成实心剪力墙板的吊装,因此下面主要对实心剪力墙板吊装过程做主要介绍。

预制实心剪力墙板安装流程如图 2-2 所示。

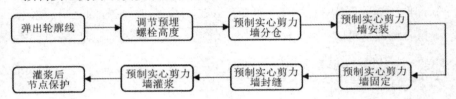

图 2-2 预制实心剪力墙板安装流程

1.弹出轮廓线

在此阶段,应弹出构件轮廓控制线,并对连接钢筋进行位置再确认,具体来说:

①插筋钢模,放轴线控制。

a.钢筋除泥浆,基层浇筑前可采用保鲜膜保护。

b.对同一层内预制实心墙弹轮廓线,控制累计误差在±2 mm 内。

②插筋位置通过钢模再确认,轴线加构件轮廓线。

a.采用钢模具对钢筋位置进行确认。

b.严格按照设计图纸要求检查钢筋长度。

③吊装前准备,检查轴线、轮廓线、分仓线、编号等。

2.调节预埋螺栓高度

①在实心墙板基层初凝前用钢钎做麻面处理,吊装前用风机清理浮灰。

②用水准仪对预埋螺丝标高进行调节,达到标高要求并使之满足±2 cm 高

差，如图 2-3 所示。

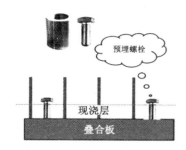

图 2-3　标准层预埋示意图

③对基层地面平整度进行确认。

3.预制实心剪力墙分仓

①采用电动灌浆泵灌浆时，一般单仓长度不超过 1 m。

②采用手动灌浆枪灌浆时，单仓长度不宜超过 0.3 m。

③对填充墙无灌浆处采用座浆法密封。

4.预制实心剪力墙安装

①吊机起吊下放时应平稳。

②在预制实心剪力墙两边放置镜子，以便于确认下方连接钢筋均准确插入构件的灌浆套筒内。

③检查预制构件与基层预埋螺栓是否压实无缝隙，如不满足则应继续调整。

5.预制实心剪力墙固定

①墙体垂直度满足 ±5 mm 后，在预制墙板上部 2/3 高度处，用斜支撑通过连接对预制构件进行固定，斜撑底部与楼面用地脚螺栓锚固，其与楼面的水平夹角不应小于 60°，墙体构件用不少于 2 根斜支撑进行固定。

②垂直度的细部调整通过斜撑上的螺纹套管来实现，两边要同时调整。

③在确保墙板斜撑安装牢固后方可解除吊钩。

6.预制实心剪力墙封缝

①嵌缝前对基层与柱接触面用专用吹风机清理，并做润湿处理。

②选择专用的封仓料和抹子，在缝隙内先压入PVC（主要成分为聚氯乙烯）管或泡沫条，填抹1.5～2 cm深（确保不堵套筒孔），将缝隙填塞密实后，抽出PVC管或泡沫条。

③填抹完毕，确认封仓强度达到要求（常温下24 h，约30 MPa）后再灌浆。

7.预制实心剪力墙灌浆

①灌浆前逐个检查各接头灌浆孔和排浆孔，确保孔路畅通及仓体密封良好。

②灌浆泵接头插入灌浆孔后，封堵其他灌浆孔及灌浆泵上的出浆口，待排浆孔连续流出浆体后，暂停灌浆，立即用专用橡胶塞封堵灌浆孔和排浆孔。

③所有排浆孔出浆并封堵牢固后，拔出插入的灌浆孔，立刻用专用的橡胶塞封堵，然后插入排浆孔，继续灌浆，待其满浆后立刻拔出封堵。

④正常灌浆浆料要在加水搅拌开始20～30 min内灌完。

8.灌浆后节点保护

灌浆料凝固后，取下灌、排浆孔封堵胶塞，要求孔内凝固的灌浆料上表面高于排浆孔下边缘5 mm。灌浆料强度没有达到35 MPa时，不得扰动。

二、双面叠合剪力墙预制构件施工

（一）准备工作

1.技术准备

（1）技术准备要点

①根据工程项目的构件分布图，制定项目的安装方案，并合理地选择吊装机械。

②构件临时堆场应尽可能地设置在吊机的辐射半径内，减少现场的二次搬运，同时构件临时堆场应平整坚实，有排水设施。

③规划临时堆场及运输道路时，如在车库顶板，须对堆放全区域及运输道路进行加固处理。

双面叠合剪力墙结构施工流程如图 2-4 所示。

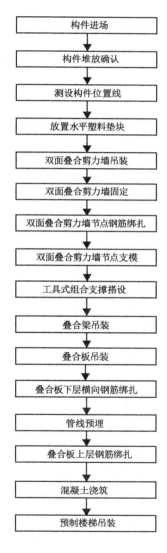

图 2-4 双面叠合剪力墙结构施工流程

（2）吊装前准备

①所有构件吊装前必须在基层或者相关构件上将各个截面的控制线放好，以提高吊装效率和控制质量。

②构件安装前，对预制构件、预埋件以及配件的型号、规格、数量等进行检查。

③构件吊装前必须整理吊具，对吊具进行安全检查，这样既可以保证吊装质量，也可以保证吊装安全。

④构件应该根据现场安装顺序进场，对于进入现场的构件应该进行严格的检查，检查其外观质量和型号、规格等是否符合安装要求。

2.现场准备

（1）构件运输

制定运输方案，构件运输时间根据吊装计划统一协调，运输时构件按规范固定，墙板货架斜靠，叠合楼板堆放不超过 5 层，并做好成品构件边角保护措施，每辆运输车上要标注构件的信息资料。

（2）构件堆放

①根据现场施工的实际情况，确定场内运输道路及材料堆放场地的位置，并将构件堆放地确定在各楼塔吊作业半径内的规划区域，部分零星构件直接随车吊装。

②堆放要求

a.按照规格、品种、所用部位、吊装顺序分别堆放。运输道路及堆放场地平整坚实，并有排水措施。

b.构件支撑应坚实，垫块在构件下的位置与脱模、吊装时的起吊位置一致。

c.预制叠合剪力墙采用整体货架堆放，且应注意对边角部的保护。

（3）构件的验收

①检查预制构件数量、质量证明文件和出厂标识。预制构件进入现场应有产品合格证、出厂检验报告，每个构件应有独立的构件编号，进场构件按进场的批次进行质量抽样检查，检验结果符合要求的预制构件方可使用。

②还应对预制构件进行外观质量检查，存在一般缺陷的需修补，存在严重缺陷的不得使用。

3.施工准备

（1）施工机具准备

若混凝土预制构件较重，则应考虑每幢单体建筑设置一台塔吊，并均大致设置于建筑中部位置，将预制构件卸点及堆场设置于以塔机位置为中心、以最重预制构件位置与塔机位置距离为半径的范围内，以此方式使塔吊的起重能力得到最合理的发挥。

（2）人员准备

要选择已实施过多个装配式混凝土建筑工程项目的管理人员及作业人员。这些管理人员经验丰富、能力高超，作业人员操作熟练，具备全面的装配式混凝土建筑工程施工知识。

此外，还应挑选合适的装配式混凝土建筑工程施工作业队伍进行双面叠合剪力墙预制构件部分的施工。

（二）构件安装施工

双面叠合剪力墙结构施工时，主要为双面叠合墙板的安装施工，下面将围绕双面叠合墙板的安装进行介绍。

1.双面叠合墙板安装流程

双面叠合墙板安装流程如图2-5所示。

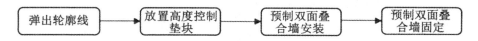

图 2-5　双面叠合墙板安装流程

（1）弹出轮廓线

通过定位放线，弹出构件轮廓线，并标记好构件编号，同时构件吊装前必须在基层或者相关构件上将各个截面的控制线弹设好，以提高吊装效率和控制质量。

（2）放置高度控制垫块

先对基层进行杂物清理。用水准仪对垫块标高进行调节，满足±5 cm 缩短量的标高要求。为方便叠合墙板安装，实际垫块标高要比设计标高低 3～5 mm。

（3）预制双面叠合墙安装

①采用两点起吊，吊钩采用弹簧防开钩。

②吊点同水平墙夹角不宜小于 60°。

③叠合墙板下落过程应平稳。

④叠合墙板未固定时不能下吊钩。

⑤墙板间缝隙控制在 2 cm 内。

（4）预制双面叠合墙固定

①墙体垂直度满足±5 mm 后，在预制墙板上部 2/3 高度处，用斜支撑对预制构件进行固定，斜支撑底部与楼面用地脚螺栓锚固，其与楼面的水平墙夹角为 40°～50°，墙体构件用不少于 2 根斜支撑进行固定。

②垂直度按照高度比 1∶1 000，向内倾斜。

③垂直度的细部通过斜支撑上的螺纹套管调整来实现，两边要同时调整。

2.铝模板安装操作流程

与预制实心剪力墙结构不同，双面叠合剪力墙结构在吊装施工中不需要套筒灌浆连接，而是搭设铝模板现浇连接构件。

（1）模板检查清理，涂刷脱模剂

①用铲刀铲除模板表面浮浆，直至表面光滑无粗糙感。

②在模板面均匀涂刷专用脱模剂，应采用水性脱模剂。

③铝模板制作允许偏差如表 2-1 所示。

表 2-1　铝模板制作允许偏差

序号	检查项目	允许偏差
1	对角线	3 mm
2	相邻表面高低差	1 mm
3	表面平整度（2 m 钢尺）	2 mm

（2）标高引测及墙柱根部引平

将标高引测至楼层，通过引测的标高控制墙柱根部的标高及平整度，转角处用砂浆或剔凿进行找平，其他处用 4 cm 和 5 cm 角铝调节。

（3）焊接定位钢筋

在墙柱根部离地约 100 mm、间距 800 mm 处焊接定位钢筋。

（4）模板安装

在钢筋及水电预埋完成后，从墙端开始逐块定位安装，每 300 mm 一个墙柱销钉，墙柱顶标高按现场叠合墙板实际高度安装，实际标高比设计标高低 3～5 mm。

（5）模板固定

在三段式螺杆未应用前，采用 PVC 套管（壁厚 2 mm），切割尺寸统一、偏差在 0～0.5 mm，端部采用 PVC 扩大头套防止加固螺杆过紧，螺杆间距小于 800 mm。

模板斜撑采用四道背楞（外墙五道），斜拉杆间距不大于 2 m，上下支撑；墙模安装完后，调整好标高、垂直度（斜向拉杆要受力），再进行梁底模和楼面板安装。

第三节　装配式混凝土建筑
连接部位施工

一、灌浆套筒连接

在我国，建筑工业化正处于快速发展阶段。要想装配式混凝土建筑造得好，除科学的设计外，零部件、材料以及构件的生产质量也要有保证，而钢筋套筒灌浆连接技术是装配式混凝土结构的关键技术之一。

（一）特点

①接头采用直螺纹和水泥灌浆复合连接形式，缩短了接头长度，优化了预制构件的钢筋连接生产工艺。

②连接套筒采用优质钢或合金钢原材料机械加工而成，套筒的强度高、性能好。

③配套开发了接头专用灌浆材料，其流动性强、操作时间长、早强性能好、终期强度高。

（二）适用范围及工艺原理

该工艺适合竖向钢筋连接，包括剪力墙、框架柱的连接。

连接套筒采用优质钢，两端均为空腔，通过灌注专用水泥基高强无收缩灌浆料与螺纹钢筋连接，并形成可靠的刚性连接。图2-6、图2-7分别为半套筒灌浆和全套筒灌浆的结构。

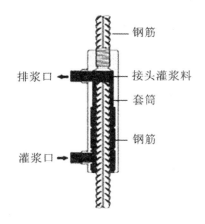

图 2-6 半套筒灌浆结构

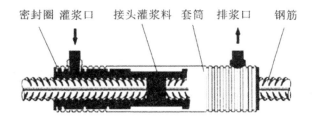

图 2-7 全套筒灌浆结构

（三）工艺流程及操作方法

1.施工准备

准备灌浆料（打开包装袋检查灌浆料，应无受潮结块或其他异常情况）和清洁水，准备施工器具。如果夏天温度过高则准备降温冰块，冬天温度过低则准备热水。

2.制备灌浆料的基本流程

制备灌浆料的基本流程如图 2-8 所示。

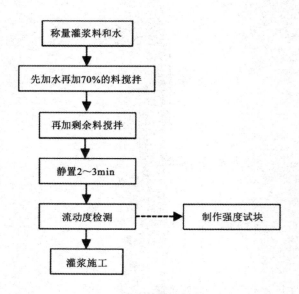

图 2-8 制备灌浆料的基本流程

①称量灌浆料和水。严格按本批产品出厂检验报告要求的水料比（如水料比为 11%，即 11 g 水＋100 g 干料）进行配备；用电子秤分别称量灌浆料和水，也可用刻度量杯计量水。

②第一次搅拌：灌浆料量杯精确加水，先将水倒入搅拌桶，然后加入约 70% 的料，用专用搅拌机搅拌 1～2 min 至大致均匀。

③第二次搅拌：将剩余料全部加入，再搅拌 3～4 min 至彻底均匀。

④搅拌均匀后，静置约 2～3 min，使浆内气泡自然排出后再使用。

⑤每次灌浆连接施工前进行灌浆料初始流动度检测，并记录有关参数，流动度合格后方可使用。检测流动度的环境温度超过产品使用温度上限（35℃）时，须做实际可操作时间检验，保证灌浆施工在产品可操作时间内完成。

⑥根据需要进行现场抗压强度检验。制作试件前浆料也需要静置约 2～3 min，使浆内气泡自然排出。检验试块密封后要进行现场同条件养护。

3.灌浆施工基本流程

灌浆施工基本流程如图 2-9 所示。

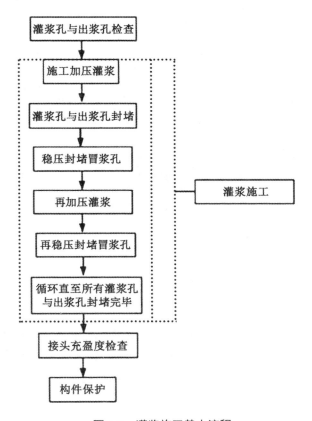

图 2-9　灌浆施工基本流程

①灌浆孔与出浆孔检查：在正式灌浆前，采用空气压缩机逐个检查各接头的灌浆孔和出浆孔内有无影响浆料流动的杂物，确保孔路畅通。

②灌浆施工：

a.经过工程项目的实践，采用保压停顿灌浆法施工能有效节省灌浆料，并能保证工程施工质量。用灌浆泵（枪）从接头下方的灌浆孔处向套筒内压力灌浆。特别注意，正常灌浆浆料要在加水搅拌开始 20～30 min 内灌完，以预留一定的操作应急时间。

b.灌浆孔与出浆孔的封堵，采用专用橡胶堵头（与孔洞配套），操作中用螺丝刀顶紧。在灌浆完成、浆料凝固前，应巡视检查已灌浆的接头，如有漏浆应及时处理。

③接头充盈度检查：灌浆料凝固后，取下出浆孔封堵胶塞，凝固的灌浆料上表面应高于出浆孔下缘 5 mm，如图 2-10 所示。

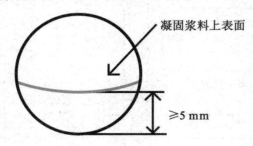

图 2-10　接头充盈度检查

（四）质量检验

如果在构件厂检验灌浆套筒抗拉强度，采用的灌浆料与现场所用的一样，试件也是在模拟施工条件下制作的，那么质量检验就不需要再做，否则就要重做。

检验数量：同一批号、同一类型、同一规格的灌浆套筒，检验批量不应大于 1 000 个，每批随机抽取 3 个灌浆套筒制作对中接头。

检验方法：在有资质的实验室进行拉伸试验。

（五）安全措施

①必须对灌浆操作施工的人员进行专项技术培训和安全教育，使其了解该型材料的施工特点，熟悉规范的有关条文和本岗位的安全技术操作规程，并参加考核，合格后方能上岗工作，主要施工人员应相对固定。

②灌浆施工中必须配备具有安全技术知识、熟悉规范的专职安全检查员和质量检查员。

③灌浆料拆除时，材料必须无受潮起块现象，并达到操作规程要求值。

（六）效益分析

①钢筋套筒灌浆技术是装配式混凝土结构现场施工的一个关键点，能够有效地解决工程灌浆质量问题，缩短工期。

②使用稳压灌浆法，有效减少了工程材料的浪费，可比其他操作方法节省材料 40%以上。

二、铝模连接施工

铝模板具有自重轻、装配周转方便、结构成型效果好等优点，在国外，如美国、加拿大等国家已成功推广了十多年。目前，铝模施工已在我国工程项目中引进并得到充分运用，取得了良好的效益。经过工程实践并不断总结完善，施工单位形成了一套完整的铝模施工工艺。

（一）特点

①铝模板由工厂按施工图进行深化配板，采用铝板型材制作，铝模板自重轻，模板受力条件好，不易变形走样，便于混凝土机械化和快速施工作业。

②铝模以标准板加上局部非标准板配置，并在非标准板上编号，相同构件的标准板可以混用，拼装速度快。

③铝模拆装时操作简便，拆卸安装速度快。模板与模板之间采用定型的销钉固定，安装便捷。

④铝模拆除后混凝土表面质量好。采用铝模施工，在确保模板安装平整、牢固的条件下，混凝土表面能达到与混凝土构件相同的清水混凝土效果。

⑤铝模技术含量高、实用性强、周转次数多（理论上达到 300 次），能减少工程模板费用，缩短工期，经济效益、社会效益较高，具有广阔的应用前景。

（二）适用范围及工艺原理

以高强度的铝合金型材为背楞与铝板组成定型的铝模，模板与模板通过特制的销钉固定。因现浇节点的铝模板与预制混凝土墙板、预制混凝土叠合楼板模板组成了一个具备一定刚度的整体，故铝模板在 36 h 后即可拆除。

由于铝模板定型好、刚度高，在混凝土浇筑的过程中基本上不会变形，浇筑完成后混凝土构件成型好，尺寸精确，完全能达到清水混凝土的效果，因此铝模施工适用于所有装配式混凝土建筑表观质量要求达到清水混凝土效果的节点模板工程。

（三）工艺流程及操作方法

1.施工准备

①混凝土结构墙板现浇节点钢筋绑扎完毕，各专项工程的预埋件已安装完毕并通过隐蔽工程验收。

②作业面各构件的分线工作已完成妥当并完成复核。

③墙根部位的标高要保证，否则会导致模板无法安装，高出的部分及时凿除并调整至设计标高。

④按照装配图检查施工区域的铝模板及配件是否齐全，编号是否完整。

⑤墙柱模板板面应清理干净，均匀涂刷水性模板隔离剂。

2.安装

通常按照"先内墙，后外墙""先非标板，后标准板"的顺序进行安装作业，其安装流程如图 2-11 所示。

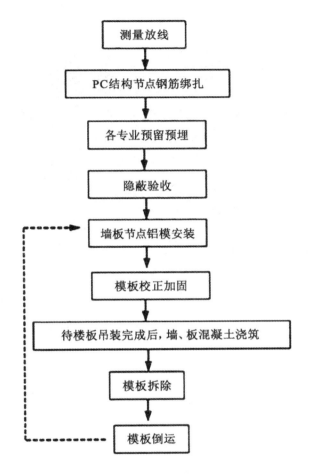

图 2-11 铝模安装流程

①墙板节点铝模安装：先按编号将所需的模板找出，清理并刷水性模板隔离剂后，摆放在墙板的相应位置；然后复核墙底脚的混凝土标高，穿套管及高强螺栓，依次用销钉将墙模与踢脚板固定（墙柱的悬空面、内面不需要）；最后用销钉将墙模与墙模固定。墙模板安装完毕后，吊挂垂直线检测其垂直度，将其垂直度调整至规定范围内。图 2-12 所示为墙板节点铝模的安装。

图 2-12　墙板节点铝模的安装

②模板校正加固：模板安装完毕后，对所有的节点铝模墙板进行平整度与垂直度的校核。校核完成后，在墙柱模板上加特制的钢背楞并用高强螺栓固定。

③混凝土浇筑：

a.模板校正固定后，检查每个接口的缝隙情况，超过规定要求的必须粘贴泡沫塑料条，以防漏浆。楼层混凝土浇筑时，安排专门的模板工在作业层下进行留守看模，以便及时发现模板下沉、爆模等突发状况。

b.铝模是金属模板，在高温天气下进行混凝土浇筑时，应在铝模上多浇水，防止因铝模温度过高而使水泥浆快速干化。

④模板拆除：

a.应严格控制混凝土的拆模时间，拆模时间的长短应能保证拆模后墙体不掉角、不起皮，必须以同条件试块试验为准，即以同条件试块强度达到 3 MPa 为准（普通混凝土拆模强度为 1 MPa）。

b.拆除时要先均匀撬松，再脱开。拆除时零件应集中堆放，防止散失，拆除下来的模板要及时清理干净和修整，然后按顺序平整地堆放好。

（四）机具设备

需要的机具设备包括锤子、撬杆、木工角尺、5 m卷尺、塞尺、水平尺、电钻等。

（五）质量标准及检验方法

质量标准及检验方法如表2-2所示。

表2-2　质量标准及检验方法

项次	项目	允许偏差/mm	检验方法
1	模板表面平整	±2	用2 m靠尺和楔尺检查
2	相邻两板接缝平整	1	用不锈钢尺和手摸
3	轴线位移	±2	经纬仪和拉线
4	截面尺寸	—3—2	钢卷尺量

（六）安全措施

①必须对进行模板施工的人员进行专项技术培训和安全教育，使他们了解该种模板施工的特点，熟悉规范的有关条文和本岗位的安全技术操作规程，考核合格后方能上岗工作，主要施工人员应相对固定。

②模板施工中必须配备具有安全技术知识、熟悉规范的专职安全检查员和质量检查员。

③模板拆除时，混凝土强度必须达到操作规程要求值。

④安装模板时至少要两人一组成双安装。

⑤模板在拆除时应轻放，堆叠整齐，以防模板变形。

⑥必须按规程要求对模板进行清理，变形严重的应及时修理或重新配板。

（七）效益分析

1.模板周转及再利用

铝模施工体系因强度高，材料变形小，周转使用能力（理论周转次数300次）强，在层数高的超高层方面尤有优势。铝模以标准板为主，只要修改构件交接处的非标准板，就可以实现多个工程的再利用。

2.操作工效

铝模与其他模板相比，具有方便、快捷等优点，工人可以迅速地校正和固定模板，大大减少了工作量，降低了工作强度。

3.材料及人工费用

使用铝模体系，可使混凝土结构面达到清水混凝土效果，在进入装修阶段后，内墙面与PC（precast concrete，预制混凝土）墙板结合可以省去抹灰找平工序，从质量上杜绝室内墙面抹灰空鼓、裂缝的通病；从施工成本上分析，减少了水泥、砂的原材耗用，以及抹灰用工；从工期上分析，室内装修阶段的工时缩短，工程进度按照每层可以缩短1～2 d计，进而大幅缩短总工期。

4.其他综合效益

从设计安全方面分析，清水墙省去抹灰工序，楼体自重减轻，地震作用力相应减弱，结构抗震偏于安全；从社会信誉分析，使用PC结构体系与铝模板体系，可以大大提升施工单位的整体竞争力。

第四节 装配式混凝土建筑施工
的质量控制和安全控制

一、施工质量控制

（一）基本要求

施工质量控制是在明确的质量方针指导下，通过对施工方案的计划、实施、检查和持续改进，进行施工质量目标的事前控制、事中控制和事后控制的系统过程。结合装配式混凝土建筑工程的施工特点，以审核质量文件、检查现场质量为重点，要实现上述三个环节互相补充、动态的过程质量控制，从而达到持续改进质量管理和质量控制的目的。

装配式混凝土建筑施工的质量控制可分为构件生产阶段的质量控制和现场装配施工阶段的质量控制。目前，在质量控制与施工质量验收的规范方面，我国已经有较为完善的标准；但对于套筒灌浆等关键工序的质量检验，仍以过程控制为主，这不仅要求监理单位在施工过程中严格监管，还需要进一步组织和培训专业的施工作业班组，确立标准化施工作业流程。对于总包单位来说，相对粗放的以包代管的管理方式已经不能满足装配式混凝土建筑施工的质量管理体系控制要求。相对于预制构件的制作质量与吊装质量，更多的标准化模具和成熟的专业施工标准做法显得更加重要。

（二）构件吊装施工质量控制

装配式混凝土建筑主要预制构件吊装施工时的质量控制说明如下：

1.预制柱

①预制柱运入现场后，须对预制柱的外观和几何尺寸等项目进行检查和验收。构件检查的内容包括规格、尺寸以及抗压强度等是否满足设计要求，同时观察预制柱内的钢筋套筒是否有异物填入。检查结果应记录在案，由检查人员签字后生效。

②根据施工图准确画线，保证预制柱准确安放在平面控制线上。若须进行钢筋穿插连接，还要对预留钢筋进行微调，使预留钢筋可顺利插入钢筋套筒。

③在预制柱起吊前，应选择合适的吊具、钩索，并确保其承受的最小拉应力为构件本身的 1.5 倍。为便于校正预制柱的垂直度，还应在起吊前，在预制柱四角安放金属垫块，并使用经纬仪辅助调节预制柱的垂直度。

④预制柱吊装就位时，施工人员可手扶柱子，引导其内的钢筋套筒与预留钢筋试对，施工人员确定无问题后，可缓慢安放预制柱，在确保预留钢筋完美插入钢筋套筒的同时，引导柱底面与平面控制线对准。若出现少量偏移，可采用橡胶锤、扳手等工具敲击柱身，使之精准就位。

⑤预制柱就位后可通过灌浆孔灌注混凝土，并用螺栓固定的方式对柱子进行固定。在固定过程中，仍需要控制预制柱位置，避免柱子在外力作用下错位。

⑥预制柱吊装完成后，须编制安装质量记录和检查表。

2.预制梁

①预制梁运入现场后应对其进行检查和验收，主要检查构件的规格、尺寸、抗压强度，以及预留钢筋的形状、型号等是否满足设计的要求。

②根据图纸，运用经纬仪、钢尺、卷尺等测量工具画出控制轴线；然后检查梁底支撑工具，查看其支撑高度是否与控制轴线平齐，若不足或超出控制轴线，需要对其进行微调。

③预制梁吊装过程中，在离地面 200 mm 处对构件水平度进行调整。需控制吊索长度，使其与钢梁的夹角不小于 60°。

④编制预制梁吊装精度检查表。

3.预制叠合楼板

①预制叠合楼板运入现场后应对其进行检查和验收，主要检查构件的规格、尺寸以及抗压强度等是否满足项目要求。

②根据图纸，运用经纬仪、钢尺、卷尺等测量工具在叠合楼板上画出位置控制轴线；然后检查板底的支撑系统，查看其支撑高度是否与控制轴线平齐，若不足或超出控制轴线，须对其进行微调。支撑工具为竖向支撑系统，通常由承插盘扣式脚手架和可调顶托组成。

③预制楼板应按顺序吊装，不可间隔吊装，同时吊索应连接在楼板四角，保证楼板的水平吊装，并在楼板离开地面 200 mm 左右时对其水平度进行调整。

④下放楼板时，应将楼板预留筋与预制梁预留筋的位置错开，缓慢下放，准确就位。吊装完毕后对楼板位置进行调整或校正，误差控制在 2 mm 以内。最后利用支撑工具，在固定楼板的同时，调整楼板标高。

⑤编制预制叠合楼板的吊装检查表。

4.预制楼梯

①预制楼梯运入现场后，应对其进行检查与验收，主要检查构件的尺寸、梯段、台阶数以及抗压强度等是否满足项目要求。

②根据图纸，在预制楼梯上，运用经纬仪、钢尺、卷尺等测量工具画出楼板的安放轴线；然后检查支撑工具，查看其支撑高度是否与控制轴线平齐，若不足或超出控制轴线，须对其进行微调。

③吊装预制楼梯时，将吊索连接在楼梯平台的四个端部，以保证楼梯水平吊装，并在楼梯离开地面 200 mm 左右时用水平尺检测其水平度，并通过吊具进行调整。

④下放楼梯时，应将楼梯平台的预留筋与梁箍筋相互交错，缓慢下放，保证楼梯平台准确就位，再使用水平尺、吊具调整楼梯水平度。吊装完毕后可用撬棍对楼梯位置进行调整校正，误差控制在 2 mm。最后利用支撑系统，在固定楼梯的同时，调整楼板标高。

⑤编制预制楼梯吊装质量检查表。

（三）构件节点现浇连接质量控制

在浇筑混凝土前，应首先对制备好的混凝土进行坍落度试验，并检测混凝土的强度是否符合设计要求。要对浇筑区域进行清扫，清除浮浆、污水等异物，并洒水使构件连接节点保持湿润。在浇筑混凝土过程中，对于预制柱和预制墙的水平连接处，可自上而下分层进行浇筑，且每层高度不宜大于 2 m，同时可用锤子适度敲击模板的侧面，以使混凝土密实，必要时可插入微型振捣棒进行振捣。切勿使用大型振动设备进行振捣，以防止模板走模或变形。

（四）构件节点钢筋连接质量控制

钢筋连接接头的试验、检查可参照各类连接接头施工方法中规定的方法；钢筋采用机械连接时，其接头质量应符合现行行业标准《钢筋机械连接技术规程》（JGJ 107—2016）的有关规定。

在对预制墙、预制柱内的钢筋套筒进行灌浆时，应用料斗对准构件的灌浆口，开启灌浆泵进行灌浆，灌浆作业时灌浆要均匀、缓慢。在灌浆前，将不参与作业的灌浆孔和排浆孔事先用橡胶塞封堵，当发现作业灌浆孔漏浆时，应及时封堵当前灌浆孔，并打开下一个灌浆孔继续灌浆，直至所有灌浆口漏浆被封堵、排浆孔开始排浆且没有气泡产生时，对排浆孔进行封堵，灌浆作业结束后将灌浆孔表面压平。

①采用焊接连接时，应首先制定焊接部位确认表，以选择合适的焊接方式、焊接材料、焊接设备等。在焊接过程中应保证焊接坡口有足够的熔深，焊接部位不会出现气泡、裂缝，焊缝美观且机械性能好。另外，强风天气可导致焊接电弧不稳定，致使焊接质量下降，因此焊接作业应在风速小于 10 m/s 的天气下进行。低温天气也不能进行焊接作业，为配合装配式住宅冬季施工的特点，可以在施焊前，对施焊部分进行加热，将温度提至 36℃以上再进行作业，以防止因温度骤然变化导致的构件开裂。

②采用高强螺栓进行连接时，须根据钢结构设计规范选择螺栓型号，以满

足工程要求。采用螺栓连接会导致构件刚度增加，无法抵消构件生产时的误差，因此需要严格控制螺栓安装精度。另外，螺栓连接常与焊接搭配作业，为防止焊接产生的高温影响螺栓安装精度，须严格把控焊接部位与螺栓之间的距离。

（五）构件接缝施工质量控制

构件接缝施工质量控制与施工时的注意事项内容基本相同，预制构件接缝施工的主要控制措施如下：

①应采用建筑专用的密封胶，并应符合国家现行标准《硅酮和改性硅酮建筑密封胶》（GB/T 14683—2017）和现行行业标准《聚氨酯建筑密封胶》（JC/T 482—2022）、《聚硫建筑密封胶》（JC/T 483—2022）等的相关规定。

②外挂墙板接缝防水工程应由专业人员进行施工。

③密封防水胶封堵前，侧壁应清理干净，保持干燥，事先应对嵌缝材料的质量进行检查。

④嵌缝材料应与墙板黏结牢固。

⑤预制构件连接缝施工完成后应进行外观质量检查，应满足国家或地方相关建筑外墙防水工程技术规范的要求。

二、施工安全控制

（一）基本要求

装配式混凝土建筑施工安全基本要求如下：

①装配式混凝土建筑施工的安全要求应符合现行国家行业标准《建筑施工安全检查标准》（JGJ 59—2011）、《建设工程施工现场环境与卫生标准》（JGJ 146—2013）等的有关规定。

②施工现场临时用电的安全应符合现行国家行业标准《施工现场临时用电安全技术规范》（JGJ 46—2005）和用电专项施工方案的有关规定。

③施工现场消防安全应符合现行国家标准《建筑防火通用规范》（GB 55037—2022）的有关规定。

④装配式混凝土建筑施工宜采用围挡或安全防护操作架，特殊结构或必要的外挂墙板构件吊装可选用落地脚手架，脚手架搭设应符合国家现行有关标准的规定。

⑤装配式混凝土建筑施工在绑扎柱、墙钢筋时，应采用专用登高设施，当高于围挡时必须佩戴穿芯自锁保险带。

⑥安全防护采用围挡式安全隔离时，楼层围挡高度应不低于 1.5 m，阳台围挡应不低于 1.1 m，楼梯临边应加设高度不小于 0.9 m 的临时栏杆。

⑦围挡式安全隔离应与结构层有可靠连接，满足安全防护需要。

⑧围挡设置应采取吊装一块外墙板，拆除相应位置的围挡，按吊装顺序，逐块进行。预制外挂墙板就位后，应及时安装上一层围挡。

（二）施工安全保护措施

1.预制柱吊装安全管理措施及注意事项

①起重人员确认构件重量满足起重机的起吊能力后方可起吊。

②预制立柱吊装到位后应立即安装斜撑系统，安装支撑点位以 3 点支撑为原则，大梁的主筋为下层方向；大梁先吊装后进行套筒砂浆灌浆连接的，应以 4 点支撑为原则，斜撑承载能力以 1 t 计算。柱底垫片应采用铁制薄片，规格以 2 mm、3 mm、5 mm、10 mm 厚为主，垫片平面尺寸依柱子重量而定，垫片距离应考虑立柱重量与斜撑支撑力臂弯矩的关系，以保证立柱的平衡性与稳定性。

③柱子完成吊装调整后，应于柱子四角加塞垫片，以提高稳定性与安全性。

④在构件吊装作业区的 5～10 m 范围外应设置安全警戒线，工地应派专人

把守，与现场施工作业无关的人员不得进入警戒线，专职安全员应随时检查各岗位人员的安全情况。夜间作业时，应有良好的照明。

2.预制梁吊装安全管理措施

①在竖向支撑系统中必须安装水平架，避免支撑杆挫曲。

②起吊前，应在地面安装好安全索。在大梁周围的地面上事先安装好刚性安全栏杆，刚性安全栏杆的立杆应采用 Φ40 的钢管，横杆采用 Φ48 的钢管。立杆采用螺栓与边梁预埋件连接。

③起吊离地时须稍作停顿，确定起吊时的平衡性，在确认无误后，方可向上提升。

④吊车作业时在吊装作业半径内不得站立工作人员，并采取吊车作业期间防止有关人员进入的相关措施。

⑤梁构件必须加挂牵引绳，以利于安装作业人员拉引。

⑥吊装大小梁前应依设计图搭好支撑架，以利于大小梁放置及减少大小梁中央部标高的调整次数。

图 2-13 所示为竖向支撑系统中设置的预制梁吊装标高调节装置图例。一般调整装置标高的范围在 100～300 mm。

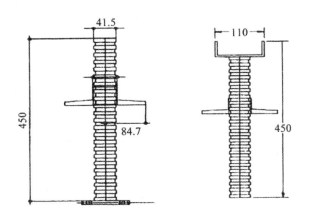

图 2-13 上下调整座（标高调整装置，单位：mm）

⑦作业人员在吊装大小梁时，应用安全带钩住立柱钢筋或其他安全部位。

⑧梁下支撑架上部应设置小型钢，确保受力均匀，如图2-14所示。

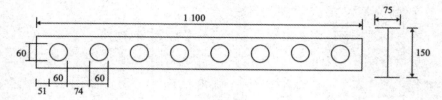

图2-14　小型钢（单位：mm）

⑨预制梁吊装完成后应架设安全网（采用S形不锈钢钩，直径4 mm）。

3.预制叠合楼板吊装安全管理措施

①预制叠合楼板中央部位一定要加支撑，楼层高度在3.6 m以下时常以钢管作为支撑，当钢管支撑长度超过3.5 m时，应加横向90 mm×90 mm断面木条串联。

②预制叠合楼板一般用K形桁架做吊具，但超大型预制叠合楼板（3 m×6 m以上）应采用方形的平衡架作为专用的吊具，以免拉裂。

③起吊时应根据设计起吊点数吊装施工，并配备其他相关吊具。

4.外墙板吊装安全管理措施

①无论是全预制还是叠合墙板，在吊装时均应遵守标准作业流程。

②吊点与侧边的翻转吊点均应事先确认孔内是否清洁。

③阳台板与女儿墙板的固定系统除依设计图施工外，现场施工人员还应检查墙板吊装后固定系统是否松动。

④墙板吊装后须及时安装墙板专用安全护栏，四周须连接且没有破口。

⑤超长板的吊装应采用平衡杆和牵引绳等专用的吊装工具进行施工，以便作业人员拉引。

（三）施工人员安全控制

①吊运预制构件时下方禁止站人，不得在构件顶面上行走，必须等到被吊的物体降落至离地 1 m 以内方准靠近，就位固定后方可脱钩。

②高空构件装配作业时严禁在结构钢筋上攀爬。

③外挂墙板吊装就位并固定牢固后方可进行脱钩，脱钩人员应使用专用梯子在楼层内操作。

④吊装外挂墙板时，操作人员应站在楼层内，佩戴有穿芯自锁功能的保险带，并与楼面内预埋件（点）扣牢。

⑤当构件吊至操作层时，操作人员应在楼层内用专用钩子将构件上系扣的缆风绳钩至楼层内，然后将墙板拉到相应位置。

（四）施工机具设备安全控制

1.钢丝绳

①钢丝绳编结部分的长度不得小于钢丝绳直径的 20 倍，并不应小于 300 mm，其编结部分应捆扎细钢丝。

②每班作业前应检查钢丝绳及钢丝绳的连接部位。当钢丝绳在一个节距内断丝根数达到或超过表 2-3 所列的根数时，应予以报废。当钢丝绳表面锈蚀或磨损使钢丝绳直径有所减小时，应将表 2-3 报废标准按表 2-4 折减，按折减后的断丝数报废。

表 2-3 钢丝绳报废标准（一个节距内的断丝数）

采用的安全系数	钢丝绳规格					
	6×19＋1		6×37＋1		6×61＋1	
	交互捻	同向捻	交互捻	同向捻	交互捻	同向捻
6 以下	12	6	22	11	36	18
6～7	14	7	26	13	38	19
7 以上	16	8	30	15	40	20

表 2-4　钢丝绳锈蚀或磨损时报废标准的折减系数

钢丝绳表面锈蚀或磨损量/%	10	15	20	25	30～40	大于 40
折减系数	85	75	70	60	50	报废

2.群塔作业措施

①塔吊有明确的作业规定,即低塔让高塔,后行塔让先行塔,移动塔让静止塔,轻车让重车。

②塔吊长时间暂停工作时,吊钩应起到最高处,小车拉到最近点,大臂按顺风向停置。为了确保工程进度以及塔吊安全,各塔吊驾驶室内须 24 h 有塔吊司机值班。交班、替班人员未当面交接的,不得离开驾驶室,交接班时,要认真做好交接班记录。

③塔吊司机与信号指挥人员必须配备对讲机;对讲机应统一确定频率,使用人员无权调改频率;专机专用,不得转借。

④在指挥过程中,严格执行信号指挥人员与塔吊司机的应答制度,即信号指挥人员发出动作指令时,先呼叫被指挥的塔吊编号,塔吊司机应答后,信号指挥人员方可发出塔吊动作指令。

⑤在指挥过程中,信号指挥人员必须时刻目视塔吊吊钩与被吊物,塔吊转臂过程中,信号指挥人员还须环顾相邻塔吊的工作状态,并发出安全提示。安全提示语言应明确、简短、完整、清晰。

⑥吊装前,应根据设计图纸中构件的尺寸、重量及吊装半径等选择合适的吊装设备,并编制有针对性的吊装专项方案。吊装期间,应严格保证吊装设备的安全性,操作人员必须全部持证上岗。

(五)其他安全控制

①预制构件吊装应单件逐件吊装,起吊时构件应保持水平或垂直。

②操作人员在楼层内进行操作,在吊升过程中,非操作人员严禁在操作架上走动与施工。

③操作架要逐次安装与提升，不得交叉作业，每一单元不得随意中断提升。

④操作架安装、吊升时如有障碍应及时查清，并在排除障碍后继续。

⑤预制结构现浇部分的模板支撑系统不得利用预制构件下部临时支撑作为支点。

⑥预制构件（叠合楼板等）的下部临时支撑架，应在进场前进行承载力试验，将试验得出的承载力极限作为计算依据，对现场支撑架布置进行计算，严格按照计算书进行支撑架的布置，并在施工前进行核算。

⑦构件吊装到位后需及时旋紧支撑架，支撑架上部采用小型钢作为支撑点，小型钢需要与支撑架可靠连接。支撑架应在现浇混凝土达到设计要求的强度后才能拆除，以现场同条件养护试块为拆除依据。

第三章 装配式钢结构
建筑施工技术

第一节 装配式钢结构建筑概述

一、装配式钢结构建筑的概念

装配式钢结构建筑是指结构系统由钢部（构）件构成的装配式建筑。作为一种全装配式的建筑结构形式，装配式钢结构的所有结构构件均在钢结构加工厂完成生产加工，运至施工现场后，通过螺栓连接、焊接等方式组装成最终结构，本身不包括湿作业，具有施工速度快、现场人员少、对环境的影响小等特点，是一种装配程度极高的结构形式。

装配式钢结构建筑体系主要由主板、钢柱、斜撑组成，压型钢板混凝土组合楼板、桁架梁以及柱座在工厂预制为整体主板，集成各类管道后作为装配模块，该体系装配过程实现全栓连接，在保证强度的前提下达到易安装、易拆卸、易维护的目的。

二、装配式钢结构建筑的设计

（一）装配式钢结构建筑设计的主要内容

目前，我国正处于城市化建设的紧要关头，在建筑行业中有效应用装配式钢结构，能够进一步加快城市化建设的步伐，为社会整体繁荣发展提供保障。就装配式钢结构而言，并非所有采用钢结构的建筑皆属于装配式建筑，装配式钢结构建筑需要钢结构、围护系统、设备与管线系统等多项配合，必须满足全方位的标准化生产要求。因此，完善的装配式钢结构的设计工作更加困难，需要大量数据作为设计依据，并进行有效的运用和处理，如此才能够使装配式钢结构设计的实际应用效果更佳。在设计过程中，设计人员必须兼顾工程施工的整体经济性，为项目的正常运行及使用提供保障。

1.结构设计

在对不同规模的建筑进行结构设计的过程中，设计人员既需要对构件设计、节点连接设计以及承重框架结构设计要素进行创新整合，还需要对各项预制构件和连接定位节点的各项参数指标进行对比。对于钢结构建筑物和构筑物而言，结构设计方案中需要涵盖型钢柱以及型钢梁等经典预制构件，对节点总长度以及总重量等技术参数进行严格界定，避免影响建筑内部和外部框架结构的荷载总量一致性。

根据装配式钢结构建筑的主要设计指标和功能用途，设计人员需要对预制构件的各项生产技术参数进行客观评估和定量分析，以建筑外部框架楼体结构、内部功能系统结构为主，避免出现设计数据误差问题。除此之外，在进行装配式钢结构建筑设计的过程中，设计人员需要对不同外观形态的构件进行分类管理，并在 BIM 技术平台上及时构建材料库模型，对建筑工程的外观形态和内部系统结构进行详细划分，对水平和垂直对角线的结构受力节点进行重点标注和工程量统计分析。

2.功能系统设计

在不同建设规模的建筑工程项目中,功能系统设计方案和施工图纸都是非常重要的,能够间接影响各项仪器设备资源的实际应用效率。尤其在对机电系统设备以及建筑弱电系统进行功能结构设计和空间布局设计的过程中,设计人员需要严格按照建筑行业领域内的强制性技术规范进行施工图设计和建造模型设计,并对重要的系统功能节点进行详细划分,还需要对建筑物上部空间和地下空间中的管线结构进行详细划分和立体化测量分析。

在对建筑物进行功能系统设计的过程中,设计人员需要在合理运用 BIM 技术平台、三维数据模型的基础上进行功能系统碰撞检测和仿真分析,并对机电设备、机械设备以及弱电系统设备的总控线路进行深化设计。在选用特定建筑结构体系和钢结构构件的基础上,设计人员需要对不同建筑楼层和楼梯板的理想荷载数值进行对比分析,对给排水、机电、弱电、消防等功能系统中的预留预埋管线敷设线路、空间平面图进行精细化计算和分类管理,确保建筑物内部系统功能结构具备相互独立性和完整性。

3.环境适应性设计

随着绿色建筑理念的兴起,设计人员在设计装配式钢结构建筑时,需要充分考虑建筑物和自然环境之间的交互性,对设计和施工阶段内的各项技术风险因素和建设特征进行对比分析,并对装配式钢结构建筑物的通风和采光条件进行动态化模拟分析。在 BIM 技术平台中,设计人员需要合理运用装配式构件模板,对建筑物的支撑结构和方位角进行参数化设计,对建筑物内部结构中的暖通空调以及照明采光范围进行环境适应性设计,客观考量建筑工程项目施工现场中的各项建设条件和限制性设计指标,避免产生超出标准的能源损耗。对于装配式建筑工程,设计人员需要及时选用绿色建筑设计视图,并对建筑结构设计方案和施工图中的设计参数指标、经济适用性级别进行对比分析,对环境适应性设计效果进行定向渲染。

（二）装配式钢结构建筑设计的实施要点

1.节点防水设计要点

对于传统的建筑结构而言，不同框架体系中节点防水性能并不显著，会直接影响建筑物结构的整体节能效果。因此，设计人员需要对装配式钢结构建筑的重要节点进行防水设计，并确保建筑物室内和室外环境交互过程中梁柱节点、地面节点、天花板吊顶节点具备防水性。尤其对于南方的建筑而言，装配式钢结构的承重节点数量相对较多，在进行节点防水设计的过程中，设计人员需要客观考量建筑结构内部和外部影响因素的相互作用，并对空气湿度指标的变化条件进行模拟分析，避免建筑物外部墙体和内部承重结构同时出现渗漏等质量问题。对于高层、超高层的装配式钢结构建筑物，结构层和功能层上节点防水设计的重难点普遍集中在空气环境中水分子的表面张力作用上，因此需要对钢结构构件材料的耐腐蚀性能指标进行重点建模分析。节点防水设计方案是钢结构建筑物主体结构设计方案中的一部分，需要重点标注节点防水系数的阶梯式变化条件，还需要对建筑物外墙体以及屋顶、屋面结构的防渗漏指标进行深化设计。

2.环境设计要点

在对装配式钢结构建筑进行初步设计、施工图设计以及深化设计的过程中，环境设计方案至关重要，能够间接体现出构件的实际节能效果，因此需要对建筑物内部空间和外部空间进行详细划分，还需要对装配图纸中的具体环境适应性指标进行对比分析。在三维设计软件中，设计人员通过模拟不同的建筑物内部和外部环境，能够有针对性地采集各项设计参数，并对不同自然采光和光照条件进行参数化建模和建造场景分析。一些装配式建筑工程项目的设计方案不考虑建筑的环境友好性，这在一定程度上影响了建筑物内部功能系统结构的安全性和耐久性，因此在进行环境设计的过程中，需要对建筑物内部资源的实际损耗进行分析，并对环境适应性指标、环境影响指标等评价项目进行参数对比分析。

3.防火、防水、防雷设计要点

在不同规模和用途的装配式钢结构建筑工程项目中，防火、防水以及防雷设计是非常关键的，需要与指定的建筑系统功能结构进行有效适配，重点体现出预制构件与钢结构建筑的实际应用价值；也需要对建筑物外墙体和面板节点进行深化设计，以免影响建筑物内部和外部环境的稳定交互状态。在进行防火设计的过程中，设计人员需要对建筑物的室内和室外温度变化条件进行参数化设定，并对应力比较集中的建筑支撑性结构进行防腐、防渗漏处理，保障钢结构构件的延展性和可移植性。在进行建筑防水设计的过程中，设计人员需要重点关注排水管的坡度参数与室内外温差控制模式是否科学合理，以免影响装配式钢结构建筑的稳定性。在进行防雷设计的过程中，设计人员需要对等电位联结、突变电磁场效应问题进行深化处理，以免影响建筑物内部功能系统结构的安全性。

4.框架-楼面板-墙板深化设计要点

在众多装配式建筑工程项目中，钢结构框架、框架剪力墙结构、钢结构框架支撑体系以及钢结构内筒体系的应用都非常广泛。楼面板体系主要涵盖现浇混凝土楼板、混凝土-压型钢板组合楼板以及钢筋桁架混凝土楼板，墙板体系主要涵盖轻型砌筑墙体、轻质板材墙体等。因此，中小型装配式钢结构建筑设计方案可以选用框架-楼面板-墙板结构体系，设计人员可对其进行深化设计和施工图设计，并快速界定重要的构件安装和连接节点，对其内部应力和抗张拉力进行模拟分析和参数化建模。在框架-楼面板-墙板结构体系的深化设计方案中，设计人员需要重点呈现钢结构建筑的多种实用用途和优良性能指标，对不同组合结构和支撑性结构的防水、防火以及防雷性能指标进行对比分析，选用更加经济、适用以及节能环保的设计方案。在对框架-楼面板-墙板结构体系进行深化设计的过程中，设计人员还需要严格设定装配式构件支撑性结构的技术参数标准。

三、装配式钢结构建筑构件的生产

在装配式钢结构建筑中，钢结构作为主要受力构件，支撑起了整个建筑物及其上的人与物，因此钢结构构件质量的好坏对整栋建筑质量的好坏起到了决定性作用。钢结构构件主要有钢柱、钢梁。其中，钢柱用到了箱型钢构件，钢梁用到了 H 型钢构件。

装配式钢结构建筑构件生产要执行国家相应技术标准，因此在构件加工制作的时候要注意以下要求：

①材料的选取与处理符合不锈热轧厚钢板、不锈冷轧薄钢板相关规范的要求，确保构件生产材料的质量达标。

②构件的加工、运送环节尽可能多地采用机械化方法，以提高生产率。

③构件之间应采用可靠的连接方式，对节点要精心施工，以保证节点连接质量。

一般装配式钢结构建筑构件的主要生产流程如下：

（一）材料准备

钢结构所用原材料必须符合不锈热轧厚钢板、不锈冷轧薄钢板相关规范的要求，应具备钢厂出具的质量保证书。检查钢材的炉批号、材质、检验标记是否齐全，检查钢材的正反面有无严重划痕、锈蚀、分层及夹杂油污等缺陷。钢板平面度超出规范要求的，应进行矫正处理，以保证零件下料尺寸精度。

（二）放样和号料

①放样前，放样人员必须熟悉加工图和加工工艺要求，熟悉样杆、样板（或下料图）所注的各种符号及标记等要求，核对材料牌号及规格、炉批号。

②号料时（号料是指利用样板、样杆、号料草图放样得出的数据，在板料或型钢上画出零件真实的轮廓和孔口的真实形状，以及与之连接构件的位置

线、加工线等，并注出加工符号），复核使用材料的规格，检查材质外观。若材料弯曲或不平值超差影响号料质量，则经矫正后才能号料。型材端部存有倾斜或板材边缘弯曲等缺陷，号料时去除缺陷部分或先行矫正。

③样板制作在放样台上进行。按加工图和构件加工要求，做出各种加工符号、基准线、眼孔中心标记，并按工艺要求预放各种加工余量。当放大样时，以1：1的比例放出实样；当构件零件难以制作时，可以绘制下料图。

④放样工作完成后，对所放大样和样杆样板（或下料图）进行自检，无误后报专职检验人员检验。

⑤经检验合格的样板用磁漆等材料在样杆、样板上写出工程名称、构件及零件编号、零件规格、孔径等，并按零件号及规格分类保存。

（三）下料与切割

根据加工图的几何尺寸、形状制成样板或依据计算出的下料尺寸，直接在板料上或型钢表面画出零件的加工边界，采用剪切、气割等操作进行加工处理，并对下料后的料渣、飞边进行清理。

1.一般构件下料与切割

①切割前应清除母材表面的油污、铁锈和潮气，切割后切口表面应光滑无裂纹，熔渣和飞溅物应除去。

②钢材的切断，按其形状选择最适合的方法进行。剪切或剪断的边缘，必要时应加工整光，相关接触部分不得产生歪曲。主要受静载荷的构件，允许在剪断机上剪切，无须再加工；主要受动载荷的构件，必须将截面中存在的有害剪切边清除。

③切割后须矫直板材，并标上零件的工件号或零件号，经检验合格后才能进入下道工序。

2.箱型构件下料与切割

①箱型构件板采用双定尺。下料时其宽度公差、对角线公差必须在规定范

围内。如需拼板，只允许柱子在楼面 1/3 高度处用拼接板。

②将钢板表面距切割线边缘 50 mm 范围内的锈斑、油污、灰尘等清除干净。

③采用火焰切割下料，下料前应对钢板的不平度进行检查，发现不平度超差的先要调平，检查合格后才能使用。

④下料完成后，施工人员必须在下料后的切板中间部位标明钢板规格、切板编号，并归类存放。

⑤箱型构件坡口切割。构件在坡口切割机上进行坡口加工时，应保证坡口角度及有关尺寸的正确，清除飞溅物、熔渣，打磨去表面氧化层。

（四）矫正

①一般钢板矫正。一般钢板矫正包括机械矫正和热矫正两种方式。机械矫正一般在常温下用机械设备进行，矫正后的钢板表面不应有凹陷、凹痕及其他损伤。在热矫正时，应注意不能损伤母材，加热的温度应控制在 900 ℃ 以下，低合金钢严禁用水激冷。

②H 型钢矫正。在 H 型钢矫正机上进行上、下翼缘板的角变形矫正，以及弯曲、挠度及腹板平直度矫正，并可用局部火工矫正。使用火工矫正时加热后不得用水冷却，同一加热点的加热次数不宜超过 2 次，矫正时不得破坏母材表面。

（五）拼接

①一般钢板的拼接。制作时应尽量减少型钢、钢板拼接接头，轧制型钢拼接采用直接头，制作型钢拼接采用阶梯接头，拼接接头相互之间错开 200 mm 以上。型钢采用直接的对接形式，焊缝要求为一级焊缝。

②H 型钢拼接。H 型钢的拼接采用阶梯接头，热轧型钢的拼接采用阶梯接头和 45° 接头，阶梯接头翼缘板与腹板的焊缝错开，距离不得小于 200 mm。

第二节　装配式钢结构建筑构件安装

一、钢柱安装

（一）钢柱安装要求

①柱脚安装时，锚栓宜使用导入器或护套。

②首节钢柱安装后应及时进行垂直度、标高和轴线位置校正，钢柱的垂直度可采用经纬仪或线坠测量；校正合格后，钢柱应可靠固定，并进行柱底二次灌浆，灌浆前应清除柱底板与基础面之间的杂物。

③首节以上的钢柱定位轴线应从地面控制轴线直接引上，不得从下层柱的轴线引上；钢柱校正垂直度时，应确定钢梁接头焊接的收缩量，并应预留焊缝收缩空间。

④倾斜钢柱可采用三维坐标测量法进行测校，也可采用柱顶投影点结合标高进行测校，校正合格后宜采用刚性支撑固定。

（二）钢柱安装施工

1.放线

钢柱安装前应设置标高观测点和中心线标志，同一工程的观测点和标志设置位置应一致，并应符合下列规定：

（1）标高观测点的设置

标高观测点的设置以牛腿（肩梁）支撑面为基准，设在便于观测柱的地方。无牛腿（肩梁）柱时，应以柱顶端与屋面梁连接的最上一个安装孔中心为基准。

（2）中心线标志的设置

在柱底板上表面上行线方向设一个中心标志，列线方向两侧各设一个中心标志。在柱身表面上行线和列线方向各设一个中心线，每条中心线在柱底部、中部（牛脚或肩梁部）和顶部各设一处中心标志。双牛腿（肩梁）柱在行线方向两个柱身表面分别设中心标志。

2.确定吊装机械

根据现场情况选择好吊装机械后，方可进行吊装。吊装时，要将安装的钢柱按要求放到吊装（起重半径）位置。

目前，安装所用的吊装机械，大部分为履带式起重机、轮胎式起重机及轨道式起重机。如果场地狭窄，不能采用上述机械进行吊装，可采用抱杆或架设走线滑车进行吊装。

3.吊点选择

钢柱安装属于竖向垂直吊装，为使吊起的钢柱保持下垂，便于就位，需根据钢柱的种类和高度确定绑扎点。钢柱吊点一般采用焊接吊耳、吊索绑扎、专用吊具等。钢柱的吊点位置及吊点数应根据钢柱形状、断面、长度、起重机性能等具体情况确定。为了保证吊装时索具安全，吊装钢柱时，应设置吊耳。吊耳应基本通过钢柱中心的铅垂线。吊耳设置见图 3-1。

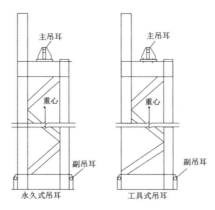

图 3-1 吊耳的设置

钢柱一般采用一点正吊。吊点应设置在柱顶处，吊钩通过钢柱中心线，钢柱应易于起吊、对线、校正。当受起重机臂杆长度、场地等条件限制时，吊点可放在柱长 1/3 处斜吊。由于钢柱倾斜，起吊、对线、校正较难控制。有牛腿的钢柱的绑扎点应靠牛腿下部；无牛腿的钢柱按其高度比例，绑扎点应设在钢柱全长 2/3 的上方位置处。

为了防止钢柱边缘的锐利棱角在吊装时损伤吊绳，应用适宜规格的钢管割开一条缝，套在棱角吊绳处，或用方形木条垫护。注意绑扎牢固，并易拆除。

此外，如果不采用焊接吊耳，直接在钢柱本身用钢丝绳绑扎时要注意以下两点：

第一，在钢柱四角做包角（用半圆钢管内夹角钢），以防钢丝绳刻断。

第二，为防止工字型钢柱局部受挤压破坏，在绑扎点处可加一加强肋板；在吊装格构柱时，绑扎点处应加支撑杆。

4. 起吊方法

为了防止钢柱根部在起吊过程中变形，钢柱吊装一般采用双机抬吊，主机吊在钢柱上部，辅机吊在钢柱根部。待柱子根部离地一定距离后，辅机停止起钩，主机继续起钩和回转，直至把柱子吊直后，辅机松钩。对于重型钢柱，可采用双机递送抬吊或三机抬吊、一机递送的方法吊装；对于细长的钢柱，可采取分节吊装的方法，在下节柱及柱间支撑安装并校正后，再安装上节柱。

钢柱起吊前，应在柱底板向上 500～1 000 mm 处画一水平线，以便固定前后复查平面标高。

钢柱柱脚固定方法一般有两种：一种是在基础上预埋螺栓固定，底部设钢垫板找平；另一种是插入杯口灌浆固定。前者当钢柱吊至基础上部时，插锚固螺栓固定，多用于一般厂房钢柱的固定；后者当钢柱插入杯口后，支承在钢垫板上找平，用于大、中型厂房钢柱的固定。

吊装前的准备工作就绪后，首先进行试吊，试吊到一定高度后应停吊，以检查索具是否牢固和吊车稳定板是否位于安装基础上。

钢柱起吊后，在柱脚距地脚螺栓或杯口 30～40 cm 时扶正，使柱脚的安装螺栓孔对准螺栓或柱脚对准杯口，缓慢落钩、就位，经过初校，待垂直偏差在 20 mm 以内，拧紧螺栓或打紧木楔临时固定，即可脱钩。钢柱柱脚套入地脚螺栓，为防止损伤螺纹，应用薄钢板卷成筒套到螺栓上。钢柱就位后，取去套筒。如果进行多排钢柱安装，可继续按此做法吊装其余的柱子。

5.钢柱校正

（1）单层钢结构钢柱校正

单层钢结构钢柱校正一般包括柱基标高调整、对准纵横十字线、柱身垂偏矫正三项工作。

①柱基标高调整

根据钢柱实际长度、柱底平整度、钢牛腿顶部距柱底部的距离，控制基础找平标高，确定钢牛腿顶部标高值。

具体做法如下：首层柱安装时，在柱子底板下的地脚螺栓上加一个调整螺母，将螺母上表面的标高调整至与柱底板标高齐平，并放上柱子，利用底板下的螺母控制柱子的标高，精度可达±1 mm。柱子底板下预留的空隙可以用无收缩砂浆以捻浆法填实。

②对准纵横十字线

在制作钢柱底部时，在柱底板侧面用钢冲打出互相垂直的四个面，每个面一个点，用三个点与基础面十字线对准，争取达到点线重合，如有偏差可借线。

对线方法：在起重机不脱钩的情况下，将三面对准缓慢降落至标高位置。为防止预埋螺杆与柱底板螺孔有偏差，设计时应考虑偏差数值，适当将螺孔加大，上压盖板焊接。

③柱身垂偏校正

采用缆风绳校正方法，用两台呈 90°的经纬仪找垂直，在校正过程中不断调整柱底板下的螺母。校正完毕后，将柱底板上面的两个螺母拧上，缆风绳松开不受力，柱身呈自由状态，再用经纬仪复核，如有偏差，调整螺母，无误后，将上螺母拧紧。地脚螺栓的紧固力一般由设计规定。地脚螺栓、螺母一般可用双螺母，也可在螺母拧紧后，将螺母与螺杆焊实。

（2）高层及超高层钢结构钢柱校正

为使高层及超高层钢结构安装质量达到最优，主要控制钢柱的水平标高、十字轴线位置和垂直度。

①柱基标高调整

首层柱垂偏校正与单层钢结构钢柱校正方法相同。但需要注意的是，高层及超高层钢结构的地下室部分，其钢柱是劲性钢柱，周围布满了钢筋，因此在调整标高、对线找垂直时，要适当地将钢筋梳理开，然后继续进行操作。

②柱顶标高调整

钢柱吊装就位后，用大六角高强度螺栓固定连接（经摩擦面处理），上下耳板不夹紧，使用起重机起吊，撬棍微调接头间隙。测量上节柱和下节柱的顶面标高，符合要求后打入钢楔，并采用点焊方式防止钢柱下落。柱子安装后在柱顶安置水平仪，测相对标高，取最合理值为零点，以零点为标准进行各柱顶线换算，将标高测量结果与下节柱顶预检长度进行对比。标高偏差调整至 5 mm 以内，一旦超过 5 mm，就需要对柱顶标高做调整，调整方法如下：填塞一定厚度的低碳钢板，但应注意不宜一次调整过大，因为过大的调整会增加其他构件节点的安装难度，使其他构件节点连接更加复杂。

③第二节柱对准纵横十字线

为使上下柱不出现错口，应尽量做到上下柱十字线重合，如有偏差，须在柱连接耳板的不同侧面夹入垫板（垫板厚度为 0.5～1 mm），拧紧大六角螺栓。钢柱的十字线偏差每次调整 3 mm 以内，若偏差过大，则分 2～3 次调整。需要注意的是，每一节柱子的定位轴线不允许使用下一节柱子的定位轴线，应从地面控制轴线引到高空，以保证每节柱子安装正确无误，避免产生过大的积累偏差。

④第二节钢柱垂偏校正

下层钢柱的柱顶垂直度偏差就是上节钢柱的底部轴线、位移量、垂直度等误差的综合，可采取预留垂偏值的方法减小偏差。

二、钢梁安装

（一）施工前准备

1.钢梁准备

①按计划准时将要吊装的钢梁运输到施工现场，对钢梁的外形、尺寸、制孔、组装、焊接、摩擦面等进行全面检查，确定钢梁合格后在钢梁翼缘板和腹板上弹上中心线，将钢梁表面污物清理干净。

②检查钢梁在装卸、运输及放置中有无损坏或变形。损坏和变形的构件应予以矫正或重新加工。碰损的钢梁应补涂防锈涂料，并再次检查。

③钢结构构件在进场后要进行验收，各项验收指标合格后，报送项目、监理审批。

2.机具准备

施工机具包括吊装索具、垫木、垫铁、扳手、撬棍、扭矩扳手、复检合格的高强度螺栓、检查合格的钢丝绳等。

（二）吊装前准备

①吊装前，必须对钢梁定位轴线、标高、编号、长度、截面尺寸、螺孔直径及位置、节点板表面质量、高强度螺栓连接处的摩擦面质量等进行全面复核。符合设计施工图和规范规定后，才能进行附件安装。

②用钢丝刷清除摩擦面上的浮锈，保证连接面平整、无毛刺，无油污、水、泥土等杂物。

③梁端节点采用栓焊连接，应将腹板的连接板用一螺栓连接在梁的腹板相应的位置处，并与梁齐平，不能伸出梁端。

④节点连接用的螺栓按所需数量装入帆布包内挂在梁端节点处，一个节点用一个帆布包。

⑤在梁上装溜绳、扶手绳。待钢梁与柱连接后,将扶手绳固定在梁两端的钢柱上。

(三)安装施工

1.钢梁的吊装顺序

钢梁吊装紧随钢柱其后,当钢柱构成一个单元后,须将标准框架体的梁安装上,可先安上层梁,再安中、下层梁。在安梁过程中,可采用钢丝绳缆索、千斤顶、钢楔和手拉葫芦等工具进行吊装,以免对柱的垂直度产生影响。其他框架柱可按照标准框架体的安装方法,由下向上,与柱连接组成空间刚度单元,经校正紧固符合要求后,依次向四周扩展。

2.钢梁的附件安装

①钢梁要用两点法起吊,以吊起后钢梁不变形、平衡稳定为宜。

②为确保安全,钢梁在工厂制作时,在距梁端一定位置处焊两个临时吊耳,供装卸和吊装用。

③吊索角度一般为45°～60°。

3.钢梁的起吊、就位与固定

①钢梁起吊到位后,按设计施工图要求进行对位,要注意钢梁的轴线位置和正反方向。安梁时,应用冲钉将梁的孔打紧逼正,每个节点用两个及以上临时螺栓连接紧固,在初拧的同时调整好柱子的垂直偏差和梁两端焊接坡口间隙。

②钢梁在起吊后为水平状态。

③一节柱一般有2层或3层梁,由于上部和周边都处于自由状态,易于安装,因此竖向构件一般由上向下逐件安装。在钢结构安装实际操作中,同一列柱的钢梁从中间跨开始对称地向两端扩展安装。

④在安装柱与柱之间的主梁时,将柱与柱之间的开档撑开或缩小。测量必须跟踪校正,预留偏差值,留出节点焊接收缩量。

⑤钢梁吊装到位后，按施工图进行就位，并要注意钢梁的方向。钢梁就位时，先用冲钉将梁两端孔对位，然后用安装螺栓拧紧。安装螺栓数量不得少于该节点螺栓总数的 30%，且不得少于 3 颗。

⑥柱与柱节点和梁与柱节点的焊接，以互相协调为佳。一般可以先焊一节柱的顶层梁，再从下向上焊接各层梁与柱的节点。柱与柱的节点可以先焊，也可以后焊。

⑦次梁根据实际施工情况一层一层地安装。

三、钢支撑安装

支撑体系在框架结构中非常重要，在安装时要重点考虑，保证其安装精度和质量。当支撑的构件尺寸较小、构件数量较多时，支撑体系能够在地面拼装的一定要在地面组装完成，整体安装；当支撑构件受到结构位置限制、尺寸限制、起重重量限制不能组装时，应将支撑部分整体组装，整体安装。

梁、支撑构件分体安装时，由于支撑体系在梁的正下部位，不易安装吊装到位，因此要先安装支撑体系后安装梁。

四、钢板墙安装

（一）技术准备

①操作人员应充分熟悉图纸，认真学习相关规范、施工质量检验评定标准及图集。参加设计交底和图纸会审，对交底内容进行学习、讨论，做好施工前的准备工作。

②技术员将洽商变更内容及时通知施工管理人员，对施工班组人员进行分项施工交底。

③施工前，根据本工程的特点，由工长以书面形式向各班组和操作人员做详细的书面技术交底和安全交底。

（二）材料准备

钢板墙材料就位；常用测量器有经纬仪、水准仪、水平尺、塔尺等。

（三）整体施工顺序

施工、吊装准备→钢板剪力墙安装→连接与固定→检查、验收。

（四）吊点设置

①吊点位置及吊点数根据剪力墙形状、断面、长度、起重机性能等具体情况确定。

②一般剪力墙采用一点正吊的方式，吊点设置在墙顶处。当剪力墙构件为不规则异形构件时，吊点应计算确定。

（五）起吊方法

①起吊时剪力墙必须垂直，尽量做到回转扶直，根部不拖地。在起吊回转过程中，应注意避免同其他已吊好的构件碰撞，吊索应有一定的有效高度。

②第一节剪力墙是安装在基础底板上的，剪力墙安装前应将登高爬梯、安全防坠器、缆风绳等挂设在钢柱预定位置并绑扎牢固。起吊就位后加设固定耳板，校正垂直度。剪力墙两侧装有临时固定用的连接板，上节剪力墙对准下节剪力墙柱顶中心线后，用螺栓固定连接板做临时固定。

③剪力墙安装就位后，为避免剪力墙倾斜，应将缆风绳固定在可靠位置。缆风绳的端部应加花篮螺栓，以便于调节缆风绳的松紧度。

④必须在连接板、缆风绳固定后才能松开吊索。松吊索时，安全防坠器的挂钩应与操作人员佩戴的安全带进行有效连接，操作人员安全返回地面后方可

解开安全防坠器挂钩。

（六）垂直度校正

剪力墙垂直度校正的重点是对有关尺寸进行预检。可采取预留垂直度偏差值的方式消除部分误差。当预留垂直度偏差值大于下节柱积累偏差值时，则只预留累计偏差值；反之，则预留可预留值。

第三节 装配式钢结构建筑
外围护系统安装

装配式钢结构建筑的外围护系统主要由装配式外墙板、外门窗及其他部品部件组成。装配式钢结构建筑外围护系统宜采用工业化生产、装配化施工的部品，并应按非结构构件部品设计。外墙围护系统立面设计应与部品构成相协调、减少非功能性外墙装饰部品，并应便于运输、安装及维护。

一、外围护墙板系统安装

外围护墙板系统是指由安装在主体结构上，由外墙板、墙板与主体结构连接节点、防水密封构造等组成的，具有规定的承载能力、适应主体结构位移能力、防水、保温、隔声和防火性能的整体系统。

（一）一般规定

在施工前，应编制专项施工技术方案，并应进行技术交底和培训。

专项施工方案应包含以下内容：①工程进度计划；②与主体结构施工、设备安装、室内装修协调配合的方案；③搬运、吊装方法；④测量方法；⑤安装方法；⑥安装顺序；⑦构件、组件和成品的现场保护方法；⑧检查验收项目；⑨安全措施。

应核对进入施工现场的主要原材料技术文件，并进行抽样复检，复检合格后方可使用。复合墙体施工应在主体结构工程验收合格后进行。

（二）施工准备

在施工前，应进行基层清理、定位放线。当先进行主体结构施工、后安装外挂墙板时，在外挂墙板安装前应对已建主体结构进行复测，并按实测结果对墙板设计进行复核。如果发现问题，则应与施工、监理、设计单位协调解决。

施工机具进场前，相关人员应出具产品合格证、使用说明书等文件，施工机具应由专人管理，并应定期进行校验；复合墙体安装前应进行面层清理和质量检验；对预埋件、吊挂件以及连接件的位置和数量进行复查验收。

（三）施工

在外围护墙板系统正式安装之前，应根据施工方案要求进行试安装，经过试安装检验并验收合格后，方可进行正式安装。外围护墙板系统安装时，外围护墙板与主体结构的连接节点宜仅承受墙板自身范围内的荷载，确保各支承点均匀受力。

在钢结构建筑中，外围护墙板与主结构的连接采用点支撑方式。点支撑外围护墙板与主体结构的连接节点施工应符合现行国家标准的有关规定，并应符合下列规定：①利用节点连接件作为外围护墙板临时固定和支撑系统时，支撑系统应具有调节外围护墙板安装偏差的能力；②有变形能力要求的连接节点，

安装固定前应核对节点连接件的初始相对位置，确保连接节点的可变形量满足
设计要求；③外围护墙板校核调整到位后，应先固定承重连接点，后固定非承
重连接点；④连接节点采用焊接施工时，不应损伤外围护墙板的混凝土和保温
材料；⑤外围护墙板安装固定后应及时进行防腐涂装和防火涂装施工。

（四）总体施工质量验收

1.一般规定

工程质量验收时，施工单位应提供与之相关的审查后的设计文件、设计变
更文件、施工方案、所用材料检验及复检报告、检验批质量验收记录、分项工
程质量验收报告、现场检验报告及隐蔽工程验收记录等文件。

外挂墙板工程验收时，应提交下列文件和记录：①施工图和墙板构件加工
制作详图、设计变更文件及其他设计文件；②墙板、主要材料及配件的进场验
收记录；③墙板安装施工记录；④墙板或连接承载力验证时需提供的检测报告；
⑤现场淋水试验记录；⑥防火、防雷节点验收记录；⑦重大质量问题的处理方
案和验收记录；⑧其他质量保证资料。

2.主控项目和一般项目的验收

验收过程应按主控项目和一般项目分别进行验收，墙板施工验收应包含工
程资料验收和墙板施工质量验收。

二、外围护门窗系统安装

门窗系统作为建筑外围护系统中的重要组成部分，其性能和安装质量直接
影响外围护系统的整体性能。

用于建筑中的门窗，按材质可分为铝合金门窗、塑钢门窗、钢门窗、木门
窗、断桥铝门窗、不锈钢门窗等；按性能可分为隔声型门窗、保温型门窗、防
火门窗、气密门窗、防盗门窗等；按开启方式可分为平开窗、对开窗、推拉窗、

上悬窗、外翻窗等。

由于门窗种类繁多，这里以铝合金门窗的安装为例，简要介绍门窗的安装工艺与验收要求。同时，不同材质门窗的安装，应符合现行相对应的国家标准和图集要求。

（一）一般规定

①铝合金门窗工程不得采用边砌口边安装或先安装后砌口的施工方法。

②铝合金门窗安装宜采用干法施工方式。

③铝合金门窗的安装施工宜在室内侧或洞口内进行。

④门窗启闭应灵活、无卡滞。

（二）施工准备

①复核建筑门窗洞口尺寸，洞口宽、高尺寸允许偏差为±10 mm，对角线尺寸允许偏差为±10 mm。

②铝合金门窗的品种、规格、开启形式等，应符合设计要求。门窗五金件、附件应完整，配置齐全，开启灵活。检查铝合金门窗的装配质量及外观质量，当有变形、松动或表面损伤时，应进行整修。

③安装所需的机具、辅助材料和安全设施应齐全可靠。

（三）铝合金门窗安装

铝合金门窗的安装在装配式钢结构建筑中主要采用干法施工方式，其开启扇及开启五金件的装配宜在工厂内组装完成。铝门窗开启扇、五金件安装完成后应进行全面调整检查。五金件应配置齐全、有效，且应符合设计要求；开启扇应无卡滞、无噪声，开启量应符合设计要求。

（四）清理和成品保护

①铝合金门窗框安装完成后，其洞口不得作为物料运输及人员进出的通道，且铝合金门窗框严禁搭压、坠挂重物。对于易发生踩踏和刮碰的部位，应加设木板或围挡等有效的保护措施。

②铝合金门窗安装后，应清除铝型材表面和玻璃表面的残胶。

③所有外露铝型材应进行贴膜保护，宜采用可降解的塑料薄膜。

④铝合金门窗工程竣工前，应去除所有成品保护，全面清洗外露铝型材和玻璃。不得使用具有腐蚀性的清洗剂，不得使用尖锐工具刨刮铝型材和玻璃表面。

（五）安全技术措施

①在洞口或有坠落危险处施工时，应佩戴安全带。

②高处作业时应符合现行行业标准的规定，施工作业面下部应设置水平安全网。

③现场使用的电动工具应选用Ⅱ类手持式电动工具，现场用电应符合现行行业标准的规定。

第四章　装配式木结构
建筑施工技术

第一节　装配式木结构建筑概述

装配式木结构建筑集传统建筑材料和现代加工、建造技术于一体，采用标准化设计、构件工厂化生产和信息化管理、现场装配的方式建造，施工周期短，质量可控，符合建筑产业化的发展方向。

一、装配式木结构建筑的概念及发展前景

装配式木结构建筑是指采用工厂预制的木结构组件和部品，以现场装配为主要手段建造而成的建筑，包括装配式纯木结构建筑、装配式木混合结构建筑等。

装配式木结构建筑的材料为天然环保材料，能在节能环保、绿色低碳、防震减灾、工厂化预制、施工效率等方面凸显更多的优势。

在第 75 届联合国大会上，中国向国际社会做出郑重承诺：中国将力争在2030 年前实现"碳达峰"、2060 年前实现"碳中和"。实现"碳达峰""碳中和"目标既是经济社会广泛而深刻的系统性变革，也是新技术新市场的发展。建筑制造业属于碳密集型行业，建筑物也是主要的温室气体排放源之一。报告显示，2020 年全国建筑全过程（含建材生产、建筑施工和建筑运行）能耗总量

为 22.7 亿吨标准煤（tce），占全国能源消费总量比重为 45.5%；二氧化碳排放总量为 50.8 亿吨，占全国碳排放的比重为 50.9%。《国务院办公厅关于大力发展装配式建筑的指导意见》提出，要在具备条件的地方倡导发展现代木结构建筑。绿色环保、可持续发展的现代木结构建筑符合"碳达峰""碳中和"目标下的生态文明建设整体布局，具有广阔市场前景。

二、装配式木结构的类型

装配式木结构建筑和传统的木结构建筑相比有很大的区别，主要表现在以下方面：一是装配式木结构建筑不是简单地用原木，而是更多将工程木材加工成适合于建筑用的梁、柱等部品、部件；二是木结构的连接方式不同，传统的木结构是用榫卯等方式连接，装配式木结构建筑增加了金属部件等多种连接方式；三是装配式木结构建筑的材料回用的次数比较多，从国际上一些木结构技术比较发达的国家的情况看，回用次数可以达到六次到七次，最后可以做成木球燃烧；四是装配式木结构建筑的特点是设计标准化、生产工厂化、施工机械化、组织管理科学化，其根本内容是采用适用、先进的装备、工艺以及技术，合理、科学地进行施工组织，提高施工专业化和机械化水平，减少复杂、繁重的湿法作业或手工操作。

通常来说，装配式木结构的类型有装配式木框架结构、装配式木剪力墙结构、装配式木空间结构、装配式木混合结构。

（一）装配式木框架结构

木框架结构即采用梁、柱等构件作为主要承重构件，以支撑、木骨架墙体、正交胶合木墙体等作为抗侧力构件的木结构类型，常见有木框架-支撑结构、木框架-剪力墙结构，广泛应用于低层、多层的办公楼、住宅、公寓等建筑中。装配式木框架结构多为以构件或组件为主的预制与装配结构，最大的特点在于其独特的木构架体系与节点处理方式。

在装配式木结构体系中，装配式木框架结构是主要的应用结构，其应用原理是将框架结构作为主体部分，将新式木材作为主料进行搭建。采用装配式木框架结构时，首先在工厂中完成所用零部件的设计和生产；其次需要在信息技术人员的帮助下，进行计算和模拟组装，以减少组装失误；最后需要施工团队、生产厂家、设计人员全面配合，以减少施工中可能出现的问题，保证项目高质量、高水平、高标准完成。

（二）装配式木剪力墙结构

木剪力墙结构就是采用剪力墙作为主要受力构件的木结构类型，常见的可作为剪力墙的有木骨架墙与正交胶合木墙两类，相对应的有轻型木结构与正交胶合木结构两种类型，广泛应用于低层与多层的办公楼、公寓、住宅等建筑中。装配式木剪力墙结构多以组件或单元、模块为主进行预制与装配。

在装配式木结构体系中，装配式木剪力墙结构是应用结构之一，装配式木剪力墙结构的主承力为剪力墙，其墙体两面和装配式木框架结构相似，使用正交胶合木墙和木骨架墙方式，但其受力程度与装配式木框架结构相比较小，所以一般会在多层住宅和底层公寓上进行应用，其安装相比装配式木框架结构较为简单，但是其装配模块同样需要在工厂预制，运输至现场后进行安装。

（三）装配式木空间结构

装配式木空间结构是三维空间形体，对建筑物有着良好的支撑作用。目前，装配式木空间结构主要有薄壳、网架、薄膜几种形式，应用在跨度较大的空间建筑上，如体育场、游泳馆、滑雪场、会展建筑以及城市公共活动场所等。装配式木空间结构多是由预制装配式组件和构件组成，在工厂进行构件的生产，通过交通工具的运输，到施工现场后进行组装，以提升工作效率。

（四）装配式木混合结构

木混合结构以木结构框架与混凝土核心筒的混合形式为主，多应用于多层、高层的住宅、公寓、酒店、办公楼等建筑中。装配式木混合结构的钢筋混凝土核心筒多以现浇为主，木结构部分可采用多种结构预制组合的方式，采用装配化施工方式。

采用木混合结构时，首先混凝土结构需使用钢筋框架，对其进行浇筑，通过浇筑完成核心筒的建立；其次在框架上使用木结构，框架木结构由多个构件组成，在目前的发展过程中已得到较为广泛的运用。

三、装配式木结构建筑的设计

（一）装配式木结构建筑的设计流程

装配式木结构的设计流程主要包括初步设计、施工图设计和深化设计三个阶段，具体见图 4-1。

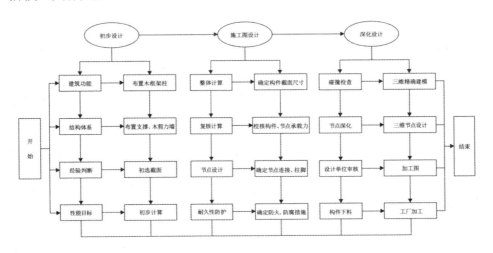

图 4-1　装配式木结构建筑设计流程

1.初步设计

初步设计一般先根据工程地点确定抗震设防烈度、风荷载取值；根据结构破坏可能对社会及环境产生影响的严重性，确定结构安全等级；根据建筑的使用功能、维护成本以及影响因素等，确定设计工作年限。然后，结合已布置的木框架柱，合理布置支撑、木剪力墙，构成结构体系；根据工程情况选定木结构材料，并依据经验和规范构造要求，初步选定各结构构件的截面尺寸；同时根据建筑功能确定结构的各项荷载作用并进行不同工况组合。最后，按照荷载效应的基本组合，进行结构构件的抗力设计值计算和结构内力、变形分析，验算主要承重构件和连接件的承载力，采取必要的构造措施，并进行初步的防火设计。

2.施工图设计

施工图设计在初步设计的基础上进一步细化设计以满足施工要求。通过对主体结构的整体分析计算，确定结构构件的截面尺寸；遵照《木结构设计标准》（GB 50005—2017）、《胶合木结构技术规范》（GB/T 50708—2012）等现行标准对木结构构件及节点承载力进行复核计算；设计连接节点、柱脚大样、基础形式；根据耐久性要求，确定防火、防腐措施。

3.深化设计

深化设计一般由木结构生产厂家进行，用于构件制作和安装。三维精细建模可以对结构进行碰撞检查，并通过三维节点设计对复杂节点进一步深化；深化后的平面图、立面图、配置单等需由原施工图设计单位审核确认后形成正式加工图，最后再下料加工。

（二）装配式木结构建筑的设计技术

1.节能与空气质量控制设计技术

装配式木结构在保温隔热方面具有优势，但仍需考虑冷热桥效应和热损失问题。在设计中，应采用合适的绝缘材料，如岩棉、聚苯乙烯板等，以提高建筑物的保温性能。良好的通风与换气设计对于保证室内空气质量至关重要，合理布置通风口、利用自然通风和机械通风系统等，可以实现室内空气的流通和新鲜空气的补充。在装配式木结构的设计中，应选择符合环保标准的材料，以减少有害气体的释放和室内空气污染，可以采用智能控制系统监测和调节室内温湿度、二氧化碳浓度等方式，保持良好的室内环境。合理的采光设计能够提高建筑物的舒适性，并减少对人工照明的需求，合理设置窗户、采用透光材料等，可以有效利用自然光源，降低能耗。

总之，在装配式木结构建筑施工中，相关人员应严格把控施工质量，确保构件的精确加工与连接牢固，加强质量监控和质量验收，确保施工过程中不出现漏水等问题。

2.BIM 技术

BIM 是一种综合性的数字化设计工具，可以帮助建筑设计团队有效协作，提高工作效率和设计质量。在装配式木结构中，BIM 技术的有效运用可以帮助设计团队实现精确的构件设计以及可持续的建筑设计。运用 BIM 软件进行构件设计，可以实现精准的数值计算、可视化展示和自动化制造，大大提高构件的质量和精度。BIM 技术支持对材料的数量、规格和成本等进行综合管理，帮助建筑设计团队更好地掌握材料情况，降低浪费、节约成本。BIM 技术可以对建筑物进行模拟，预测建筑物的能耗、污染排放等，从而进行可持续性评估，为建筑的能源管理和环保提供决策支持。BIM 技术支持实时更新建筑物的信息，包括施工进度、材料使用情况等，设计团队可以随时了解施工情况，并及时做出调整。

BIM 技术的运用，可以有效提高装配式木结构建筑的质量，同时可降低施工成本和风险，为建筑行业的可持续发展提供助力。因此，相关设计人员应加强对 BIM 技术的学习和应用，充分发挥该技术在建筑设计中的作用。

（三）装配式木结构建筑设计的可持续性分析

1.资源利用效率分析

在设计装配式木结构建筑时，需要考虑木材的选择。优先选择经过可持续林业管理认证或可再生的木材，如快速生长的竹材。此外，还需考虑材料的环境成本、能耗情况等。进行建材生命周期评估是评估装配式木结构建筑资源利用效率的关键步骤，包括原材料采集、加工制造、运输、使用，以及最终处理或回收利用等各个环节的能源消耗和排放情况。装配式木结构建筑在保温隔热方面具有优势，但仍需进一步考虑节能设计。例如，通过优化建筑外立面设计、增加保温层、减少冷热桥等方式，提高建筑的能源利用效率。施工过程中会产生一定数量的废弃物，评估资源利用效率时，需要考虑对废弃物的处理，如回收再利用、能量回收等，以减少资源浪费。

评估装配式木结构建筑的可持续性还需考虑其环境影响，如材料的碳排放量、水耗等。应在综合评估装配式木结构建筑的环境影响的基础上，选择更具可持续性的设计方案。在评估装配式木结构建筑的资源利用效率时，需要进行全面的数据收集和分析，并采用科学的评估方法，与相关专业加强合作，如材料科学等，以确保评估结果的准确性和可靠性。

2.环境影响与碳排放分析

进行装配式木结构建筑的环境影响评估时，需要考虑木材的生命周期。装配式木结构建筑中的木材是可再生资源，具有低碳排放的特点。可以通过采集相关数据，如木材的用量等，进行碳排放计算，评估装配式木结构建筑项目的碳足迹。装配式木结构建筑的制造和施工过程相较于传统建筑，能源消耗减少了，但仍需对其能源利用情况进行评估，这包括加工制造过程中消耗的电力和燃料，以及建筑使用阶段的能耗等。装配式木结构建筑的施工过程可能会产生一定的污染物排放，如有害气体、废水和废弃物等，应评估污染物的排放量和影响范围，选择合适的污染治理措施，减少环境污染。

进行环境影响与碳排放分析，可以为装配式木结构建筑提供可持续性评估和改进建议，促进建筑行业朝着低碳、环保的方向发展，为建筑行业未来的可持续发展做出贡献。

3.经济可行性分析

装配式木结构建筑的建造成本包括原材料采购、加工制造、运输和安装等各个环节的费用，同时也包括后期维护和管理成本，需要综合考虑各个环节的费用，并与传统建筑材料和施工方法进行比较。装配式木结构建筑的投资回报周期应该被视作其经济可行性的一个重要标准，其回报周期的长短取决于使用寿命的长短、节能效果的强弱等。回报周期越短，装配式木结构建筑的经济可行性就越高。市场对装配式木结构建筑是否有需求，以及是否有足够的潜在客户，是进行经济可行性分析的另一个考虑因素。建设项目人员需要对销售市场的情况、客户倾向、政策支持等进行评估，并预测未来市场走向。除了建造成本和投资回报周期，装配式木结构建筑的附加值也应该被考虑在内，包括装配式木结构建筑对环境和社会的贡献、装配式木结构建筑的节能效果和品牌价值等。

装配式木结构建筑经济可行性评估是一个动态过程，应该不断地进行调整。针对不同阶段的评估结果，相关人员应及时采取相应的调整和改进措施，以提高装配式木结构建筑的经济可行性。

从成本、投资回报周期、市场需求、附加值等方面对装配式木结构建筑的经济可行性进行评估，可以为推广装配式木结构建筑提供依据，促进其在建筑市场中的广泛应用。

四、装配式木结构建筑在应用时需要注意的问题

（一）连接

对木结构而言，木质构件首先应该考虑其连接问题，只有可靠的连接，才能保证整体结构的稳定。

目前，木结构的连接需要符合以下规则：

①传力必须简洁、明确。

②在同一个木结构的连接中，不可以存在两种及以上刚度连接，同时在连接过程中，应避免使直接传力和间接传力两种方式共同作用。

③对木结构而言，其节点质量应有所保证，避免节点先于木结构损坏。

④对木结构而言，不应出现横纹。

⑤在木结构的构件设计上，需要进行对称连接。在相互连接过程中，要进行分散处理，使各节点可以共同承担作用力。在木结构的连接设计中，在确定连接承载力时，要考虑的因素包括树种（要考虑相对密度）、木材含水率、关键截面、连接件的类型及组合作用等。

木结构构件连接承载力的设计值与构件的相对密度有关。在销连接中，木构件的销槽承压强度与销的尺寸以及木材的局部承压强度有关。对于大直径的连接件，荷载与木纹的夹角也影响销槽的承压强度。

（二）耐久性

在木结构的设计和使用过程中，需要对材料进行合理的选择。对于木结构而言，如果出现腐烂和损坏情况，就会产生较为严重的质量问题。所以，在木结构的建造过程中，首先需要选择具有良好耐久性的木材，其次可以采取有效的防护措施，从而保证整体质量。

（三）防腐

防腐是装配式木结构建筑要关注的问题之一。在木腐菌的作用下，木材会出现腐烂的情况，木腐菌的生长、繁殖需要符合三个条件：第一，木材的含水量高于 19%；第二，温度在 2～35℃；第三，有氧气的供应。所以，选择高效的防腐材料、使用防腐木材，可取得一定的防腐蚀效果。

（四）防水、防潮

在长期潮湿的环境下，木材会受潮，受潮的木材易受到腐蚀，进而出现质量问题。因此，需要对木材进行防水处理，处理方式有两种：一是使用防水材料，二是选择防水的木材。此外，还可以通过设置斜坡屋面、对木质框架铺设瓦片、使用泛水板等方式来进行防水、防潮。

第二节　装配式木结构构件的连接

一、木结构构件的连接种类

木材是天然材，其长度及截面积是有限的，为能跨越较大跨度或承受较大荷载，必须通过连接的方法将单根木材连接起来，以满足使用要求。

装配式木结构构件的连接可以分为以下几种：

（一）接长

当构件较长、木材较短时，必须采用两根以上的木材，顺着它们的长度方向连接起来，如屋架下弦的拼接和柱子的拼接等。

（二）拼合

当构件需要较大的截面，而一根木材的直径又不够时，就需采用两根以上的木材互相并列拼合起来。例如，用几根木材组合起来做成组合梁和组合柱。

（三）节点结合

凡是构件相互成角度交会在一起，并加以连接，即为节点结合，如屋架中各个构件间的连接等。

二、木结构的连接方式

（一）榫卯连接

榫卯连接是古代木结构建筑中主要的连接形式。所谓榫卯连接，是指榫头和卯口相互咬合、相互搭接而成，榫头即木材凸出部分，卯口即木材凹进去部分。榫卯连接性能优良，很多古代木结构的连接方式一直应用至今，如直榫、燕尾榫、馒头榫、箍头榫、管脚榫、透榫等。在各种连接形式中，梁柱之间的直榫、透榫以及燕尾榫等节点因其构造简单、适用范围广而被大量应用，对结构的抗侧性能起着决定性的作用。部分榫卯连接形式如图 4-2 所示。

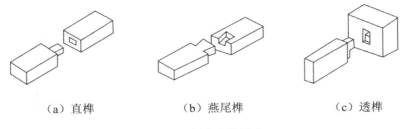

（a）直榫　　　　　　（b）燕尾榫　　　　　　（c）透榫

图 4-2　榫卯连接形式

榫卯连接属于半刚性连接，受力性能介于刚性连接和铰链连接之间，既能承受压力，又能产生一定的转动。榫卯连接传递荷载主要是依靠榫卯节点之间的相互摩擦、挤压，因此木结构整体受力性能受节点转动刚度的影响，在地震作用下即使产生较大变形也不易被破坏。

（二）钉连接

钉连接作为轻型木结构中最主要的连接形式，按照受力位置不同可以分为面板钉和骨架钉。

面板钉是由木基结构板（一般为结构胶合板或定向木片板）和骨架（规格材一般为 SPF，由云杉、松树和冷杉树种组合而成）通过钉节点连接而成的，连接性能受到众多因素影响，主要包括以下几个：规格材的强度、种类、厚度和密度，钉子的强度、种类和直径，节点连接方式，加载方式，钉子与规格材的距离等。

骨架钉是由骨架与骨架通过钉节点相互连接而成的，用来组成轻型木结构剪力墙的墙骨架。对轻型木结构骨架钉的研究主要体现在剪力墙上，连接性能的影响因素主要集中在墙骨柱材料和覆面板的材料、墙体尺寸、骨架钉节点连接方式等方面。

钉连接节点的受力性能直接决定轻型木结构剪力墙的受力性能，是轻型木结构连接中最常用的形式之一。在水平压力荷载作用下，靠近荷载加载点处的墙骨柱承受拉力，远离荷载加载点处的墙骨柱承受压力，墙骨柱与面板钉连接主要承受竖向剪力，底梁板和顶梁板与面板钉连接主要承受水平剪力和墙面板内的竖向剪力。剪力墙的破坏主要体现在钉连接和骨架连接节点处，因此应加强对钉连接破坏模式和受力机理的研究，其成果有利于后续工程设计的优化和正确应用。

（三）螺栓连接

螺栓连接是指采用螺栓将不同材料构件连成一体的连接方式，具有显著的半刚性、施工便捷、传力可靠、经济性能好等特点，在装配式木结构建筑中应用广泛。

螺栓连接与钉连接都属于销连接形式，二者受力性能相差不大，不过螺栓直径比钉直径更大，故其节点受力性能要比钉连接更好。

木结构的螺栓连接破坏模式一般为延性破坏，主要是由螺栓和木构件表面接触的应力所决定的。因此，螺栓连接的力学性能受多方面的影响，如螺栓的几何尺寸、强度等级、连接方式，木材的销槽承压性能、厚度、材料，制作工艺及安装精度等。

（四）齿板连接

齿板连接通过齿板将各杆件（规格材）连接起来，主要用于轻型木桁架节点连接，具有灵活通用、成本低廉等优点，主要承受拉力和剪力。

齿板（见图4-3）应由镀锌薄钢板制作，镀锌在齿板制造前进行，镀锌层重量不小于 275 g/m^2。齿板中齿的形状、齿板承载能力等因生产厂商不同而不同。

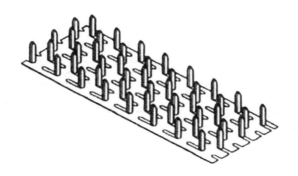

图 4-3　齿板连接件

齿板连接的构造应符合下列规定：

①齿板应成对对称设置于构件连接节点的两侧。

②采用齿板连接的构件厚度应不小于齿嵌入构件深度的两倍。

③在与桁架弦杆平行及垂直方向，齿板与弦杆的最小连接尺寸、在腹杆轴线方向齿板与腹杆的最小连接尺寸均应符合相关规定。

此外，用齿板连接的构件在制作时应做到：

①齿板连接的构件制作应在工厂进行。

②板齿应与构件表面垂直。

③板齿嵌入构件的深度应不小于板齿承载力试验时板齿嵌入试件的深度。

④齿板连接处构件无缺棱、无木节等。

⑤拼装完成后齿板无变形。

（五）植筋连接

植筋连接是一种后锚固技术，最早用于混凝土结构的加固，这种连接方式很好地提高了结构的抗拉、抗拔性能。受混凝土植筋技术的启发，木结构中的梁、柱节点连接已经广泛采用植筋连接，但未形成体系。植筋连接主要应用在胶合木结构中，其做法是将钢筋植入木材预留孔洞中，然后通过胶黏剂将木材与钢筋连接成整体，如图 4-4 所示。

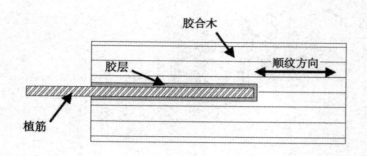

图 4-4 植筋连接方式示意图

植筋连接节点性能的影响因素很多，主要可以归为如下几类：

①几何参数，如构件尺寸，胶层厚度，植筋根数、边距，植入角度、深度和植筋杆直径等。

②材料参数，如木材性能、含水率等。

③边界条件，如顺纹或横纹受力、持续静力荷载、单调或往复荷载等。

木结构植筋连接符合装配式结构发展方向，易于工厂生产和预制，植筋连接构造的梁柱节点具有高弯矩、高刚度等特点，可以很好地解决螺栓连接初始刚度低的问题。

第三节　装配式木结构建筑中
木门窗的安装

木门窗的安装有立口法安装和塞口法安装两种。

一、立口法安装

立口法安装是指将加工合格的门、窗框先立在墙体的设计位置，再砌两侧的墙体。

（一）立门窗框（立口）

立门窗框前须对成品加以检查，进行校正规方，钉好斜拉条（不得少于两根），无下槛的门框应加钉水平拉条，以防在运输和安装中变形。

立门窗框前要事先准备好撑杆、木橛子、木砖或倒刺钉，并在门窗框上钉好护角条；立门窗框前，要看清门窗框在施工图上的位置、标高、型号、门窗框规格、门扇开启方向，以及门窗框是里平、外平还是立在墙中等。门窗框临时临时支撑方法如图 4-5 所示。

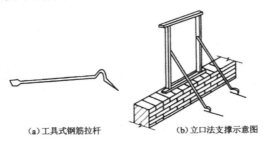

(a) 工具式钢筋拉杆　　　　　(b) 立口法支撑示意图

图 4-5　门窗框临时临时支撑方法

立门窗框时要注意拉通线，撑杆下端要固定在木橛子上；立框时要用线坠找直吊正，并在墙体施工时随时检查有无倾斜或移动。

（二）木门窗扇安装

安装前检查门窗扇的型号、规格、质量是否合乎要求，若发现问题，应事先修好或更换；量好门窗框的高低、宽窄尺寸，在相应的扇边上画出高低、宽窄的线，双扇门窗要打叠，先在中间缝处画出中线，再画出边线，并保证梃宽一致，上下冒头也要画线刨直；画好高低、宽窄线后，用粗刨刨去线外部分，再用细刨刨至表面光滑、平直，使其符合设计要求。

将扇放入框中试装合格后，按扇高的 1/10～1/8，在框上按合页大小画线，并剔出合页槽，槽深一定要与合页厚度相适应，槽底要平。门窗扇安装的留缝宽度应符合有关标准的规定。

（三）木门窗小五金安装

有木节处或已填补的木节处，均不得安装小五金。

安装合页、插销、L 铁、T 铁等小五金时，先用锤将木螺钉打入其长度的 1/3，然后用螺钉旋具将木螺钉拧紧、拧平，不得歪扭、倾斜。严禁打入全部深度。采用硬木时，应先钻 2/3 深度的孔，孔径为木螺钉直径的 9/10，然后将木螺钉由孔中拧入。

合页距门窗上、下端宜取立梃高度的 1/10，并避开上、下冒头。安装后应开关灵活。门窗拉手应位于门窗高度中点以下，窗拉手距地面以 1.5～1.6 m 为宜，门拉手距地面以 0.9～1.05 m 为宜，门拉手应里外一致。

门锁不宜安装在中冒头与立梃的结合处，以防伤榫。门锁位置一般宜高出地面 900～950 mm。门窗扇嵌 L 铁、T 铁时应加以隐蔽，做凹槽，安完后应低于表面 1 mm 左右。门窗扇为外开时，L 铁、T 铁安在内面；内开时，L 铁、T 铁应安在外面。

上、下插销要安在梃宽的中间；如果采用暗插销，则应在外梃上剔槽。

二、塞口法安装

塞口法安装是指在主体结构施工时在设计的门窗位置预留出门窗洞口，主体结构施工完毕经验收合格后，再将门窗框塞入并进行固定。

（一）预安窗扇

预安窗扇就是窗框安到墙上以前，先将窗扇安到窗框上，以提高工效。其施工要点包括以下几点：

①按图纸要求，检查各类窗的规格、质量；若发现问题，应及时修整。

②按图纸的要求，将窗框放到支撑好的临时木架（等于窗洞口）内调整，用木拉子或木楔子将窗框稳固，然后安装窗扇。

③对推广采用外墙板施工者，可以将窗扇和纱窗扇同时安装好。

④有关安装技术要点，与现场安装窗扇要求一致。

⑤对于装好的窗框、扇，应将插销插好，风钩用小圆钉暂时固定，把小圆钉砸倒，并在水平面内加钉木拉子，码垛垫平，防止变形。

⑥对于已安好五金的窗框，要将底油和第一道油漆刷好，以防受湿变形。

⑦在塞放窗框时，应按图纸核对，做到平整、方直。如果窗框边与墙中预埋木砖有缝隙，则应加木垫垫实，用大木螺钉或圆钉与墙木砖连接牢固，并将上冒头紧靠过梁，下冒头垫平，用木楔夹紧。

（二）木门窗小五金安装

木门窗小五金安装可参照"立口法安装"中木门窗小五金安装方法进行。

（三）塞门窗框

①后塞门窗框前要预先检查门窗洞口的尺寸、垂直度及木砖数量，如有问题，应立即解决。

②门窗框应用钉子固定在墙内的预埋木砖上，每边的固定点应不少于两处，其间距应不大于 1.2 m。

③在预留门窗洞口的同时，应留出门窗框走头（门窗框上、下槛两端伸出口外部分）的缺口，在门窗框调整就位后，封砌缺口；当受条件限制，门窗框不能留走头时，应采取可靠措施将门窗框固定在墙内木砖上。

④后塞门窗框时需注意水平线要直。多层建筑的门窗在墙中的位置，应在一直线上。安装时，横竖均拉通线。若门窗框的一面需镶贴脸板，则门窗框应凸出墙面，凸出的厚度等于抹灰层的厚度。寒冷地区门窗框与外墙间的空隙应填塞保温材料。

第五章　装配式建筑装饰施工技术

第一节　装配式建筑装饰材料概述

装饰材料是指直接或间接用于装饰设计、施工、维修的实体物质成分，通过这些物质的搭配、组合，能创造出适宜的环境空间。传统的装饰材料按形态来划分，主要分为"五材"，即实材、板材、片材、型材、线材。需要注意的是，得益于新技术、新工艺的出现，各种新型材料不断出现，如真石漆、液体壁纸等。

一、装配式建筑装饰材料的特性

装配式建筑装饰材料的品种很多，不同品种具有不同特性，这也是选用装饰材料时要注意的方面。装饰材料的特性主要表现在以下几个方面：

（一）色彩多样

色彩反映了材料的光学特征。不同的颜色给人以不同的心理感受，而两个人又不可能对同一颜色产生完全相同的感受。装饰材料的色彩会直接影响设计风格与氛围。例如，墙面乳胶漆一般选用浅米色、白色等明快的颜色，而地板一般选用棕色、褐色等深重的颜色，这些颜色搭配起来会给大多数人带来稳定、安静的感受。

（二）光泽不一

光泽是材料表面的质地特性，它对材料形象的清晰程度起决定性作用。装饰材料表面越光滑，则光泽度越高，越能给人带来华丽、干净的视觉效果，如油漆、金属材料。装饰材料表面越粗糙，则光泽度越低，会给人带来稳重、厚实的视觉效果，如地毯、壁纸材料。

（三）有的具有透明性

透明性是指光线通过物体所表现的穿透程度，如普通玻璃、有机玻璃等装饰材料的透明性都比较高。透明或半透明材料主要用于需要透光的空间或构造，如窗户、灯箱、采光顶棚等，这些材料在给人带来光亮的同时，还具有防潮湿等作用。

（四）花纹图案繁多

在材料上制作出各种花纹图案是为了增加材料的装饰性，在生产或加工材料时，可以利用不同工艺将材料加工成各种花纹图案，以进一步提高材料的审美特性。例如，采用切割机或雕刻机将木质纤维板加工成带有花纹图案的板材，成本低廉且效果独特。

（五）规格多样

任何装饰材料都要被加工成预定的形状与尺寸，以满足销售、运输、使用的需求。现代装饰设计与施工对装饰材料的形状、尺寸都有特定的要求。例如，木质材料被加工成 2 400 mm×1 200 mm×15 mm 的板材，或被加工成长度为 3 m、6 m 等的方材，这样才便于统一定价并进一步加工，最终达到提高装修效率的目的。

（六）具有使用性能

装饰材料还应需具备基本的使用性能，如耐污性、耐火性、耐水性、耐磨性、耐腐蚀性等，这些基本性能保证材料在使用过程中经久常新，以保持其原有的装饰效果。此外，现代新型装饰材料还要求具备节能环保功能，强调材料的可重复利用性，如金属吊顶扣板，这也能进一步提升装饰材料的价值。

二、装配式建筑装饰材料的功能

装饰装修的目的是美化建筑环境空间，保护建筑的主体结构，延长建筑的使用年限，营造一个舒适、温馨、安逸、高雅的生活环境与工作场所。目前，装配式建筑装饰材料的功能主要表现在以下三个方面：

（一）装饰功能

装饰工程最显著的效果就是满足人们对美的需求，室内外各基层面的装饰效果都是通过装饰材料的质感、色彩、线条样式来表现的。设计师通过对这些样式的巧妙处理来改进环境空间，从而弥补原有建筑设计的不足，营造出理想的空间氛围与意境，美化人们的生活。例如，天然石材不经过加工打磨就不够光滑，只有经过表面处理后，才能表现其真实的纹理色泽；普通原木非常粗糙，经过精心刨切之后，所形成的板材或方材的装饰性能大大提高；金属材料相对昂贵，配置装饰玻璃或有机玻璃后，将金属材料用到细节部位，可以提升质感。

（二）保护功能

装配式建筑在长期使用过程中会受到日晒、雨淋、风吹、撞击等自然或人类活动的影响，会使建筑的墙体、梁柱等结构出现腐蚀、粉化、裂缝等问题，进而影响其使用寿命。如果装饰材料具备较好的耐久性、透气性等，可在一定程度上延长装配式建筑的使用寿命。选择适当的装饰材料对空间表面进行装饰，能够有效地提高装配式建筑的耐久性，节省维修费用。例如，在卫生间的墙与地面铺贴瓷砖，可减少卫生间潮气对水泥墙面的侵蚀，保护建筑结构；在墙面涂刷乳胶漆，可以有效地保护水泥层不被腐蚀。

（三）使用功能

装饰材料除具有装饰功能与保护功能以外，根据装饰部位的具体情况，有的还具有一定的使用功能。不同部位与场合使用的装饰材料及构造方式应该满足相应的功能需求。例如，居民在吊顶时使用纸面石膏板、在地面铺设实木地板，均可起到保温、隔声、隔热的作用，提高生活质量；在庭院地面铺设粗糙的天然石板与鹅卵石，有助于人们行走时按摩脚底，同时有防滑排水的作用。

三、装配式建筑装饰材料的分类

装配式建筑的装饰材料更新换代很快，种类也较多。不同的装饰材料用途不同，性能也千差万别。装饰材料的分类方法很多，常见的分类有以下四种：

（一）按材料的材质分类

按材料的材质，装配式建筑的装饰材料主要分为：有机高分子材料，如木材、塑料、有机涂料等；无机非金属材料，如玻璃、天然石材、瓷砖、水泥等；金属材料，如铝合金、不锈钢、铜制品等；复合材料，如人造石、彩色涂层钢板、铝塑板、真石漆等。

（二）按材料的燃烧性分类

按材料的燃烧性，装配式建筑的装饰材料主要分为：A级材料，具有不燃性，在空气中遇到明火或在高温作用下不燃烧，如天然石材、金属、玻化砖等；B1 级材料，具有难燃性，在空气中遇到明火或在高温作用下难起火、难碳化，当火源移走后，燃烧或微燃烧会立即停止，如装饰防火板、阻燃墙纸、纸面石膏板、矿棉吸音板等；B2 级材料，具有可燃性，在空气中遇到明火或在高温作用下立即起火或微燃，将火源移走后仍能继续燃烧，如木芯板、胶合板、木地板、地毯等；B3 级材料，具有易燃性，在空气中遇到明火或在高温作用下迅速燃烧，且火源移走后仍能继续燃烧，如油漆、纤维织物等。

（三）按材料的使用部位分类

按材料的使用部位，装配式建筑的装饰材料主要分为：外墙装饰材料，如天然石材、玻璃制品、水泥制品、金属、外墙涂料等；内墙装饰材料，如陶瓷墙面砖、装饰板材、内墙涂料、墙纸等；地面装饰材料，如地板、地毯、玻化砖等；顶棚装饰材料，如石膏板、金属扣板、硅钙板等。

（四）按材料的商品形式分类

按材料的商品形式，装配式建筑的装饰材料主要分为成品板材、陶瓷、玻璃、壁纸织物、油漆涂料、胶凝材料、金属配件、成品型材等。这种分类形式最直观、最普遍，为大多数专业人士所接受。

四、装配式建筑装饰材料的选用

选择装饰材料要把握好材料的应用方式与价值。一味使用常规材料的确"轻车熟路"，但也缺乏一些创新，会使环境空间的设计毫无生气；突破常规、选用新型材料，又很难把握新型材料的特性与运用方式。因此，要想合理运用装饰材料，就要分清装饰的本末与主次，比如在大多数装饰界面上可以选用常规材料，在细节表现上可以适当选用时尚、别致的新型材料。

（一）材料外观

装饰材料的外观主要指材料的形状、质感、纹理、色彩等方面的直观效果。材料的形状、质感、色彩等应与空间氛围相协调。对于空间宽大的大堂、门厅，装饰材料的表面组织可粗犷而坚硬，并可采用大线条的图案，以突出宏伟的气势；对于相对窄小的空间，如客房，就要选择质感细腻的材料。总之，合理利用装饰材料，突出其外观效果，能使环境空间显得层次分明。

（二）材料功能

选择装饰材料应该结合使用场所的特点，以保证这些场所具备相应的功能。建筑室内的气候条件，特别是温度、湿度等情况，对装饰选材有极大的影响。例如，南方地区气候潮湿，应当选用含水率低、复合元素多的装饰材料，北方地区则与之相反。1～2层建筑室内光线较弱，应该选用色彩亮丽、明度较高的饰面材料。不同材料有不同的质量等级，不同装饰部位应该选用不同品质的材料。例如，厨房的墙面砖应选择防火、耐高温、遇油污易清洗的优质砖材，不宜选择廉价材料；而阳台、露台的使用频率不高，地面可选用经济型饰面砖。

（三）材料搭配

在选用装饰材料时，还应该考虑配套的完整性。认真比较主材与各配件材料之间的连接问题，对同类材料进行多方面比较，寻找最合理的搭配方式。例如，应考虑特殊色泽的木地板能否在市场上找到相配的踢脚线，成品橱柜内的金属构件能否在市场上找到相应的更换品等。

此外，还应该特别注意基层材料的搭配。例如，廉价、劣质的水泥砂浆及防水剂会造成墙面砖破裂、脱落；使用劣质木芯板、饰面板制作的家具容易变形；等等。

（四）材料价格

目前，装修费用一般占建设项目总投资的 50%～70%。装饰设计应从长远性、经济性的角度来考虑，充分利用有限的资金以取得最佳的使用效果与装饰效果，做到既能满足装饰空间目前的需要，又能考虑到以后的变化。对于材料价格，应慎重考虑，它关系着投资者与使用者的经济承受能力。材料的价格受不同地域资源情况、供货能力等因素影响，在选择过程中要做到货比三家，在市场上多看、多比较，根据实际情况选择材料的档次。总之，在选用装饰材料时，应该充分考虑装饰材料的性价比，使装修设计、施工更合理、更经济。

第二节　装配式建筑墙面装饰施工

一、抹灰类饰面施工

（一）抹灰类饰面分类

抹灰工程是最为直接也是最初始的装饰工程。在对装配式建筑（这里主要是指装配式混凝土建筑）墙面进行抹灰时，抹灰的顺序一般应遵循"先室外后室内、先上面后下面、先顶棚后墙地"的原则。

抹灰工程按使用的材料和装饰效果分为一般抹灰、装饰抹灰和特殊抹灰三类。

1.一般抹灰

一般抹灰是指把抹灰材料涂抹在墙面或顶棚的做法,对房屋有找平、保护、隔热保温、装饰等作用。一般抹灰通常分为普通抹灰、中级抹灰和高级抹灰三个级别，所用的材料有水泥砂浆、水泥混合砂浆、聚合物水泥砂浆、膨胀珍珠岩水泥砂浆、石灰砂浆、麻刀灰、纸筋灰、石膏灰等。

2.装饰抹灰

装饰抹灰是指通过选用适当的抹灰材料及施工工艺等，使抹灰面层具备装饰效果而无须再做其他饰面。

装饰抹灰的底层和中层与一般抹灰相同，但面层材料有区别，装饰抹灰的面层材料主要有水泥石子浆、水泥色浆、聚合物水泥砂浆等。

3.特殊抹灰

特殊抹灰是指为了满足某些特殊的要求（如保温、耐酸、防水等）而采用保温砂浆、耐酸砂浆、防水砂浆等进行的抹灰。

（二）抹灰材料

抹灰工程所用材料主要有胶结材料（如水泥、石灰、石膏）、骨料（如砂、石料、彩色石粒、膨胀珍珠岩、膨胀蛭石）、纤维材料（如麻刀、纸筋、玻璃纤维）、颜料（有机颜料、无机颜料）、化工材料（如 107 胶、甲基硅醇钠、木质素磺酸钙）。用量应根据施工图纸要求计算，按施工平面布置图的要求分类堆放，以便检验、选择和加工。

下面主要对水泥、砂、磨细石灰粉、石灰膏、纸筋、麻刀等抹灰材料进行介绍。

1.水泥

在对装配式建筑墙面进行抹灰时，宜采用普通水泥或硅酸盐水泥，也可采用矿渣水泥、火山灰水泥、粉煤灰水泥及复合水泥。同一工程，宜采用颜色一致、同一批号、同一品种、同一强度等级、同一厂家生产的水泥。

2.砂

墙面抹灰宜采用粒径为 0.35～0.5 mm 的中砂，在使用前应根据使用要求过筛，筛好后需保持洁净。

3.磨细石灰粉

磨细石灰粉的细度应过 0.125 mm 的方孔筛，累计筛余量不大于 13%，使用前用水浸泡使其充分熟化，熟化时间不小于 3 d。

浸泡方法：提前备好大容器，均匀地往容器中撒一层生石灰粉，浇一层水，然后再撒一层，再浇一层水，依次进行，当达到容器体积的 2/3 时，把容器装满水，使石灰粉熟化。

4.石灰膏

石灰膏与水调和后具有在空气中凝固快、硬化时体积不收缩的特性。用块状生石灰淋制时，要将其用筛网过滤，贮存在沉淀池中，使其充分熟化。在常温下，熟化时间一般不少于 15 d，用于罩面灰时不少于 30 d。使用时，石灰膏内不得含有未熟化的颗粒和其他杂质。对于在沉淀池中的石灰膏要加以保护，防止其干燥、冻结。

5.纸筋

采用白纸筋或草纸筋施工时，使用前要用水浸透（时间不少于 3 周），并将其捣烂成糊状。用于罩面时，宜用机械碾磨细腻，也可制成纸浆。要求稻草、麦秆应坚韧、干燥、不含杂质，其长度不得大于 30 mm，稻草、麦秆应经石灰浆浸泡处理。

6.麻刀

麻刀必须柔韧、干燥，不含杂质。行缝长度一般为 10～30 mm，用前 4～5 d 应将其敲打松散并用石灰膏调好。

（三）抹灰常用的机具

抹灰工程的常用机具包括麻刀机、砂浆搅拌机、纸筋灰拌和机、窄手推车、铁锹、筛子、水桶、灰槽、灰勺、刮杠（大 2.5 m，中 1.5 m）、靠尺板（2 m）、线坠、钢卷尺、方尺、托灰板、铁抹子、木抹子、塑料抹子、八字靠尺、方口尺、阴阳角抹子、长舌铁抹子、金属水平尺、软水管、长毛刷、钢丝刷、喷壶、小线、钻子（尖、扁）、粉线袋、铁锤、钳子、钉子、托线板等。

（四）抹灰基本操作

1.内墙面一般抹灰

室内墙面抹灰，包括在混凝土、砖砌体、加气混凝土砌块等墙面上抹灰。

（1）施工流程

抹灰的一般流程为：基层处理→弹线、找规矩、套方→做灰饼、标筋→做护角→阴阳角抹灰→底、中层抹灰→抹面层灰。

（2）各流程施工要点

①基层处理

基层处理是抹灰工程的第一道工序，也是影响抹灰工程质量的关键，目的是增强基体与底层砂浆的黏结，消除空鼓、裂缝和脱落等质量隐患，因此基层表面应将凸出部位剔平，光滑部位凿毛，清理干净残渣、污垢、隔离剂等。

不同基体应符合下列规定：砖砌体应清除表面杂物、尘土，抹灰前应洒水湿润。其目的是避免抹灰层过早脱水，影响强度，产生空鼓。混凝土表面应凿毛，或在表面洒水润湿后涂刷 1∶1 水泥砂浆（加适量胶黏剂）。加气混凝土应在湿润后，边刷界面剂边抹强度不大于 M5 的水泥混合砂浆。

②弹线、找规矩、套方

弹线、找规矩、套方，即四角找方、横线找平、竖线吊直，弹出顶棚、墙裙及踢脚板线。根据设计，如果墙面另有造型，则应按图纸要求实测弹线或画线标出。

找规矩的方法是先用托线板全面检查砖墙表面的垂直平整程度，根据检查的实际情况并依据抹灰的平均厚度，来决定墙面抹灰的厚度。

③做灰饼、标筋

抹灰操作应保证其平整度和垂直度。大面积施工中常用的手段是做灰饼和标筋。较大面积墙面抹灰时，为了把控设计要求的抹灰层平均厚度，先在上方距顶棚与墙角 10～20 cm 处做灰饼，即做标志块（可采用底层抹灰砂浆），标志块面积约 5 cm²（厚度为抹灰厚度）。然后，在门窗洞口等部位加做灰饼，灰饼的厚度以使抹灰层达到平均厚度（宜为基层至中层砂浆表面厚度而留出抹面厚度）为目的，并以确保抹灰面最终的平整、垂直所需的厚度为准。最后，以上部做好的灰饼为准，按间距 1.2～1.5 m，加做若干灰饼并用线锤吊线做墙下角的灰饼（通常设置于踢脚线上口）。

灰饼收水（七八成干）后，在各排上下灰饼之间做砂浆标志带，该标志带称为标筋或冲筋，采用的砂浆与灰饼相同，宽度为 100 mm 左右，分 2～3 遍完成并略高出灰饼，然后用刮杠（传统的刮杠为木杠，目前多以较轻便而不易变形的铝合金方通杆件取代）将其搓抹至与灰饼齐平，同时将标筋的两侧修成斜面，以使其与抹灰层接茬密切、顺平。标筋的另一种做法是采用横向水平标筋，有利于使大面与门窗洞口在抹灰过程中保持平整。

④做护角

为防止门窗洞口及墙（柱）面阳角部位的抹灰饰面在使用中被碰撞损坏，应采用 1∶2 水泥砂浆抹制护角，以增强阳角部位抹灰层的硬度。护角部位的高度不应低于 2 m，每侧宽度不应小于 50 mm。以标筋厚度为准，在地面画好准线，根据抹灰层厚度粘稳靠尺板并用托线板吊垂直。在靠尺板的另一边墙角分层抹护角的水泥砂浆，其外角与靠尺板外口平齐；一侧抹好后把靠尺板移到该侧，用卡子稳住，并吊垂线调直靠尺板，将护角另一面水泥砂浆分层抹好；然后轻手取下靠尺板。待护角的棱角略收水后，用阳角抹子和素水泥浆抹出小圆角。最后在阳角两侧分别留出护角，将多余的砂浆以 45° 斜面切掉。对于特殊用途房间的墙（柱）阳角部位，其护角可按设计要求在抹灰层中埋设金属护角线。

⑤阴阳角抹灰

用阴阳角方尺检查阴阳角的直角度，并检查垂直度，然后确定抹灰厚度，浇水湿润。

用木制阴角器和阳角器分别在阴阳角处抹灰，先抹底层灰，使其基本达到直角，再抹中层灰，使阴阳角方正。

⑥底、中层抹灰

标筋及阳角的护角条做好后，即可进行底层和中层抹灰。将底层和中层砂浆批抹于墙面标筋之间。底层抹灰七八成干（用手指按压有指印但不软）时即可抹中层灰，厚度略高出标筋，然后用刮杠按标筋高度刮平。待中层抹灰面全部刮平，再用木抹子搓抹一遍，使表面密实、平整。

墙面的阴角部位，先用方尺上下核对方正，然后用阴角抹具（阴角抹子及带垂球的阴角尺）抹直、接平。如果标筋强度小，那么在进行底、中层抹灰刮平时，容易将标筋刮坏，产生凹凸现象，不利于找平；如果在标筋强度过高时进行底、中层抹灰刮平，就会出现标筋高于墙面的现象，从而产生抹灰不平等通病。

⑦抹面层灰

在中层砂浆凝结之前（七八成干）可抹面层灰。先在中层灰上洒水，然后将面层砂浆分遍均匀抹涂上去，一般按从上到下、从左到右的顺序进行抹涂。抹满后用铁抹子分遍压实、压光，面层抹灰必须保证平整、光洁、无裂痕。冬季施工时，抹灰的作业面温度不宜低于 5 ℃；抹灰层初凝前不得受冻；用石灰砂浆抹灰时，应待前一抹灰层七八成干后方可抹后一层；底层的抹灰层强度不得低于面层的抹灰层强度。当抹灰总厚度等于或大于 35 mm 时，应采取加强措施。水泥砂浆拌好后，应在初凝前用完，凡硬结的砂浆不得继续使用。水泥砂浆抹灰层应在抹灰 24 h 后进行养护。抹灰层在凝结前，应防止快干、水冲、撞击和震动。

2.外墙面一般抹灰

（1）检查与交接

外墙抹灰工程施工前，应先安装钢木门窗框、护栏等，并应填充结构施工时的残留孔洞；应检查门窗框、阳台栏杆及各种后续工程预埋件等的安装位置和质量。

（2）基体及基层处理

基体及基层抹灰同内墙面抹灰。

（3）找规矩、做灰饼、标筋

建筑外墙面抹灰同内墙面抹灰一样要设置标筋，但因为外墙面自地坪到檐口的整体抹灰面过大，门窗、雨篷、阳台、明柱、腰线、勒脚等都要横平竖直，所以抹灰操作必须自上而下逐一进行。

（4）贴分隔条

外墙需要大面积抹灰饰面，为避免罩面砂浆收缩后产生裂缝等不良效果，一般均设计有分隔缝，分隔缝同时具有美观的作用。为使分隔缝平直、规则，抹灰施工时应粘贴分隔条。

在底灰抹完之后要用刮尺擀平，然后根据图纸弹线分隔，按已弹好的水平线和分隔尺寸弹好分隔线，水平方向的分隔条宜粘贴在水平线下边（若设计有竖向分隔线，则其分隔条可粘贴于垂直弹线的左侧）。粘贴时，分隔条两侧需用水泥浆嵌固稳定，其灰浆两侧抹成斜面。当天抹面即可起出的分隔条，其两侧灰浆斜面可抹成45°；当天不进行面层抹灰的分隔条，其两侧灰浆斜面应抹得陡一些，以呈60°角为宜。

（5）抹灰

就一般底、中层抹灰而言，混凝土墙面可先涂刷一层胶黏性素水泥浆，然后用1:3的水泥砂浆分层抹至与标筋相平，再用木杠刮平。当设计要求砖砌体采用水泥混合砂浆时，其配合比一般为水泥:石灰:砂＝1:1:6（面层可采用1:0.5:3）。其底层砂浆要注意充分压入墙面灰缝；应待底层砂浆具有一定强度后再抹中层，大面刮平，并用木抹子抹平、压实、扫毛。

（6）面层抹灰

面层抹灰时可先薄刷一遍水泥砂浆，抹第二遍砂浆时与分隔条齐平，刮平、搓实、压光，再用刷子蘸水按统一方向轻刷一遍，以达到颜色一致并同时刷净分隔条上的砂浆；起出分隔条，随即用水泥浆勾好分隔缝。水泥砂浆抹灰完成24 h后开始养护，宜洒水养护7 d以上。

二、涂饰施工

（一）涂饰施工方法

1.刷涂

刷涂是指人工利用漆刷蘸取涂料对被涂覆物进行涂饰的方法。

（1）施工方法

刷涂时，头遍横涂，走刷要平直，有流坠马上刷开，回刷一次；蘸涂料要少，一刷一蘸，不宜蘸得太多，防止流淌；由上到下一刷紧挨一刷，不得留缝；第一遍干后刷第二遍，第二遍一般为竖涂。

（2）施工注意事项

①上道涂层干燥后，再刷下道涂层，间隔时间依涂料性能而定。

②涂料挥发快的和流平性差的，不可过多重复回刷，注意每层厚薄一致。

③刷罩面层时，走刷速度要均匀，涂层要匀。

④第一道深层涂料稠度不宜过大，涂层要薄，以基层快速吸收为佳。

2.滚涂

滚涂是指利用涂料辊子蘸上少量涂料，在被涂面上、下垂直来回滚动施涂的施工方法。

（1）施工方法

先把涂料搅匀调至施工黏度，少量倒入平漆盘中摊开。用辊筒均匀蘸涂料后在墙面或其他被涂物上滚涂。

（2）施工注意事项

①平面滚涂时，要求选择流平性好、黏度低的涂料；立面滚涂时，要求选择流平性小、黏度高的涂料。

②不要用力压滚，要保证涂料厚薄均匀。不要将涂料全部压出后才蘸料，应使辊内保持一定量的涂料。

③接茬部位或滚涂一定量时,应用空辊子滚压一遍,以保护滚涂饰面的完整。

3.喷涂

喷涂是指利用压力将涂料喷涂于物面上的施工方法。

(1)施工方法

①将涂料调至施工所需稠度,装入贮料罐或压力供料筒中,关闭所有开关。

②打开空气压缩机调节贮料罐或压力供料筒中的压力,使其压力达到施工压力。施工喷涂压力一般为 0.4～0.8 MPa。

③喷涂作业时,手握喷枪要稳,涂料出口应与被涂面垂直;喷枪移动时应与被喷面保持平行;喷枪运行速度一般为 400～600 mm/s。

④喷涂时,喷嘴与被涂面的距离一般控制在 400～600 mm。

⑤喷枪移动范围不能太大,一般直线喷涂 700～800 mm 后下移折返喷涂下一行,一般选择横向或竖向往返喷涂。

⑥喷涂面的上下或左右搭接宽度为喷涂宽度的 1/3～1/2。

⑦喷涂时应先喷门窗附近,一般要求喷涂两遍(横一竖一)。

⑧喷枪喷不到的地方应用油刷、排笔填补。

(2)施工注意事项

①涂料稠度要适中。

②喷涂压力过高或过低都会影响涂膜的质感。

③涂料开桶后要充分搅拌均匀,若有杂质,需将杂质过滤出去。

④涂层接茬需留在分隔缝处,以免出现明显的搭接痕迹。

4.抹涂

抹涂是指用不锈钢抹子将涂料抹压到各类物面上的施工方法。

(1)施工方法

①抹涂底层涂料:用刷涂、滚涂方法,先刷一层底层涂料做黏结层。

②抹涂面层涂料:底层涂料涂饰后 2 h 左右,即可用不锈钢抹子涂抹面层涂料,涂层厚度为 2～3 mm;抹完后,间隔 1 h 左右,用不锈钢抹子拍抹饰面

压光，使涂料中的黏结剂在表面形成一层光亮膜；涂层干燥时间一般为 48 h 以上，其间如未干燥，应注意保护。

（2）施工注意事项

①抹涂饰面涂料时，不得回收落地灰，不得反复抹压。

②涂抹层的厚度为 2～3 mm。

③应及时检查工具和涂料，若发现不干净或掺入杂物，应清除或不用。

（二）外墙涂饰工程施工

1.外墙涂饰工程施工的一般要求

①涂饰工程所用涂料应符合设计要求和现行有关国家标准的规定。

②施涂溶剂涂料时，混凝土和抹灰表面的含水率不得大于 8%；施涂水性和乳液型涂料时，混凝土和抹灰表面的含水率不得大于 10%。涂料与基层的材质应有恰当的配伍。

③涂料干燥前，应防止雨淋、尘土玷污和热空气的侵袭。

④涂料工程使用的腻子应坚实牢固，不得粉化、起皮。

⑤必须控制涂料的工作黏度和稠度，使其在施涂时不流坠，无刷痕；施涂过程中不得任意稀释。

⑥双组分或多组分涂料在施涂前应按产品说明规定的配合比，根据使用情况分批混合，并在规定的时间内用完；所有涂料在施涂前和施涂过程中均应保持均匀。

⑦施涂溶剂型、乳液型和水性涂料时，后一遍施涂必须在前一遍涂料干燥后进行；每一遍涂料应施涂均匀，各层必须结合牢固。

⑧施涂水性和乳液型涂料时，应按产品说明进行温度控制。例如，在冬季室内施涂时，应在采暖条件下进行，室温应保持均衡，不得突然变化。

⑨建筑物的细木制品、金属构件与制品，如为工厂制作组装，其涂料宜在生产制作阶段施涂，最后一遍涂料宜在安装后施涂。

⑩涂料施工分阶段进行时，应以分隔缝、墙的阴角处或落水管处等为分界线。

⑪同一墙面应用同一批号的涂料，每遍涂料不宜施涂过厚，涂层应均匀、颜色一致。

2.外墙涂饰工程的施工工序

外墙涂饰工程应根据涂料种类、基层材质、施工方法、表面花饰、涂料的配比等来安排恰当的工序，以保证质量合格。

（1）混凝土表面、抹灰表面基层处理

①在涂饰涂料前，新建筑物的混凝土或抹灰基层应涂刷抗碱封闭底漆。

②施涂前应修补基体或基层的缺棱掉角处，表面麻面及缝隙应用腻子补齐填平。

③基层表面上的灰尘、污垢、溅沫和砂浆流痕应清除干净。

④表面清扫干净后，最好用清水冲刷一遍，油污处可用碱水或肥皂水擦净。

（2）混凝土及抹灰外墙表面的施涂工序

①薄质涂料

薄质涂料包括溶剂型薄涂料、无机薄涂料等。薄质涂料的基本施工工序为：基层修补→清扫→填补腻子、局部刮腻子→磨平→第一遍涂料→复补腻子→磨平（光）→第二遍涂料。

②厚质涂料

厚质涂料包括合成树脂乳液厚涂料、无机厚涂料等。厚质涂料的基本施工工序为：基层修补→清扫→填补缝隙、局部刮腻子→磨平→第一遍厚涂料→第二遍厚涂料。

③复层涂料

复层涂料包括水泥系复层涂料、合成树脂乳液系复层涂料、硅溶胶系复层涂料及反应固化型合成树脂乳液系复层涂料。复层涂料的基本施工工序为：基层修补→清扫→填补缝隙、局部刮腻子→磨平→施涂封底涂料→施涂主层涂料→滚压→第一遍罩面涂料→第二遍罩面涂料。

（三）内墙涂饰工程施工

1.内墙涂饰工程施工的一般要求

①涂饰工程施工应在抹灰工程、木装饰工程、水暖工程、电器工程等全部完工并经验收合格后进行。

②根据装饰设计的要求，确定涂饰施工的材料，并根据现行材料标准，对材料进行检查验收。

③要认真了解涂料的基本特性和施工特性。

④了解涂料对基层的基本要求，包括基层材质、坚实程度、附着能力、清洁程度、干燥程度、平整度、酸碱度等，并按要求进行基层处理。

⑤涂料施工的环境温度不能低于涂料正常成膜温度的最低值，相对湿度也应符合涂料施工相应的要求。

⑥涂料的溶剂（稀释剂）、底层涂料、腻子等均应合理配套使用，不得滥用。

⑦涂料使用前应调配好。双组分涂料的施工，必须严格按产品说明书规定的配合比，根据实际使用量分批混合，并在规定的时间内用完。

⑧所有涂料在施涂前及施涂过程中，必须充分搅拌，以免沉淀，影响施涂操作和施工质量。

⑨在涂料施工前，必须根据设计要求，做出样板或样板间，经有关人员认可后方可大面积施工。样板或样板间应一直保留到工程验收为止。

⑩一般情况下，后一遍涂料的施工必须在前一遍涂料表面干燥后进行。每一遍涂料都应施涂均匀，各层涂料必须结合牢固。

⑪采用机械喷涂时，应将不需施涂部位遮盖严实，以防玷污。

⑫建筑物中的细木制品、金属构件和制品，若为工厂制作组装，其涂料宜在生产制作阶段施涂，最后一遍涂料宜在安装后施涂；若为现场制作组装，组装前应先涂一遍底子油（干性油、防锈涂料），安装后再涂涂料。

⑬涂料工程施工完毕，应注意保护成品，保护已硬化成膜的部分不受玷污，其他非涂饰部位的涂料必须在涂料干燥前清理干净。

2.内墙涂饰工程的施工工序

（1）混凝土及抹灰基层的施涂工序

①薄质涂料

清扫→填补腻子、局部刮腻子→磨平→第一遍刮腻子→磨平→第二遍刮腻子→磨平→干性油打底→第一遍涂料→复补腻子→磨平（光）→第二遍涂料→磨平（光）→第三遍涂料→磨平（光）→第四遍涂料。

②厚质涂料

基层清扫→填补腻子、局部刮腻子→磨平→第一遍满刮腻子→磨平→第二遍满刮腻子→磨平→第一遍喷涂厚涂料→第二遍喷涂厚涂料→局部喷涂厚涂料。

③复层涂料

基层清扫→填补缝隙、局部刮腻子→磨平→第一遍满刮腻子→磨平→第二遍满刮腻子→磨平→施涂封底涂料→施涂主层涂料→滚压→第一遍罩面涂料→第二遍罩面涂料。

（2）木基层的施涂工序

木基层的施涂部位包括木墙裙、木护墙、木隔断、木挂镜线及各种木装饰线等。所用的涂料有溶剂型涂料、油性涂料等。

①溶剂型涂料的施工工序

清扫、起钉子、除油污等→铲去脂囊、修补平整→磨砂纸打磨→节疤处点漆片→干性油或带色干性油打底→局部刮腻子、磨光→腻子处涂干性油→第一遍满刮腻子→磨光→刷涂底层涂料→第一遍涂料→复补腻子→磨光→湿布擦净→第二遍涂料→磨光（高级涂料用水砂纸）→磨光→第二遍满刮腻子→湿布擦净→第三遍涂料。

②清漆涂料的施工工序

清扫、起钉子、除去油污等→磨砂纸打磨→润粉→磨砂纸打磨→第一遍满刮腻子→磨光→第二遍满刮腻子→磨光→刷油色→第一遍喷清漆→拼色→复补腻子→磨光→第二遍喷清漆→磨光→第三遍喷清漆→水砂纸磨光→第四遍喷清漆→磨光→第五遍喷清漆→磨退→打砂蜡→打油蜡→擦亮。

（3）金属基层的施涂工序

内墙涂料装饰中金属基层涂饰主要应用在金属护墙、栏杆、扶手、金属线角、黑白铁制品等部位。

金属基层涂料的施工工序为：除锈、清扫、磨砂纸打磨→刷涂防锈涂料→局部刮腻子→磨光→第一遍刮腻子→磨光→第二遍满刮腻子→磨光→第一遍涂料→复补腻子→磨光→第二遍涂料→磨光→湿布擦净→第三遍涂料→磨光（用水砂纸）→湿布擦净→第四遍涂料。

三、贴面类饰面施工

（一）内外墙瓷砖施工

饰面砖镶贴一般是指在墙面进行釉面砖、外墙面砖、陶瓷锦砖和玻璃马赛克的镶贴工程。

1.施工准备

（1）作业条件

①主体结构已进行中间验收并确认合格，同时饰面施工的上层楼板或屋面已完工且不漏水，全部饰面材料按计划数量验收入库。

②找平层拉线、灰饼和标筋已做完，大面积底糙完成，基层经自检、互检、交验，墙面平整度和垂直度合格。

③突出墙面的钢筋头、钢筋混凝土垫块、梁头已剔平，脚手洞眼已封堵完毕。

④水暖管道经检查无漏水，试压合格，电管埋设完毕，壁上灯具支架做完。

⑤门窗框及其他木制、钢制、铝合金预埋件按正确位置预埋完毕，标高符合设计要求。配电箱等嵌入件已嵌入指定位置，周边用水泥砂浆嵌固完毕，扶

手栏杆已装好。

（2）对材料的要求

①已到场的饰面材料应进行数量清点核对。

②按设计要求进行外观检查。检查内容主要包括进料与选定样品的图案、花色、颜色是否相符，有无色差；各种饰面材料的规格是否符合质量标准规定的尺寸和公差要求；各种饰面材料是否有表面缺陷或破损现象。

③检测饰面材料所含污染物是否符合规定。

（3）施工工具、机具

除常用工具外，还需要专门的施工工具，如开刀、橡皮锤、冲击钻等。

2.内墙面砖施工

内墙面砖主要采用釉面砖。釉面砖具有热稳定性好、防火、防潮、耐酸碱腐蚀、坚固耐用、易于清洁等特点，主要用于厨房、卫生间、医院、试验室等场所的室内墙面和台面的饰面。

釉面砖的种类按性质分有通用砖（正方形、长方形）和异型配件砖。通用砖一般用于大面积墙面的铺贴，异型配件砖多用于墙面阴阳角和各收口部位的细部构造处理。

（1）施工流程

基层处理→做找平层→弹水平线→弹线分隔→选面砖→预排砖→浸砖→做灰饼→垫托木→面砖铺贴→勾缝→养护、清理。

（2）施工要点

①基层处理

当基层为混凝土时，先剔凿混凝土基体上凸出部分，使基层保持平整、毛糙，然后刷一道界面剂。在不同材料的交接处或表面有孔洞处，用 1:2 或 1:3 的水泥砂浆填平。

当基层为砖时，应先剔除墙面的多余灰浆，然后用钢丝刷清理浮土，并浇水润湿墙体，润湿深度为 2～3 mm。

②做找平层

用1∶3水泥砂浆在已充分润湿的基层上涂抹，总厚度应控制在15 mm左右；应分层施工；同时注意控制砂浆的稠度且基层不得干燥。找平层表面要求平整、垂直、方正。

③弹水平线

根据设计要求，定好面砖所贴部位的高度，用"水柱法"找出上口的水平点，并弹出各面墙的上口水平线。

依据面砖的实际尺寸，加上砖之间的缝隙，在地面上进行预排、放样，量出整砖尺寸，再在墙面上从上口水平线量出预排砖的尺寸，做标记，并以此标记弹出各面墙所贴面砖的下口水平线。

④弹线分隔

弹线分隔是在找平层上用墨线弹出饰面砖分隔线。弹线前应根据镶贴墙面长、宽尺寸，计算好纵横皮数和镶贴块数，划出皮数杆，定出水平标准。

弹水平线。对要求面砖贴到顶的墙面，应先弹出顶棚底或龙骨下标高线，按饰面砖上口伸入吊顶线内25 mm计算，确定面砖铺贴上口线。

弹竖向线。最好从墙内一侧端部开始，以便不足模数的面砖贴于阴角处。

⑤选面砖

选面砖是保证饰面砖镶贴质量的关键工序。为保证镶贴质量，必须在镶贴前按颜色的深浅、尺寸的大小选择合适的饰面砖。

⑥预排砖

为确保装饰效果和节省面砖用量，在同一墙面只能有一行与一列非整块饰面砖，并且应排在紧靠地面或不显眼的阴角处。内墙面砖镶贴排列方法，主要有直缝镶贴和错缝镶贴（俗称"骑马缝"）两种，如图5-1所示。

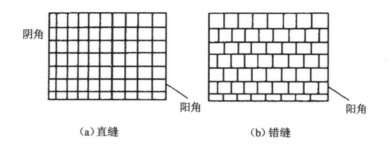

图 5-1　内墙饰面砖贴法

面砖排列时应以设备下口中心线为准对称排列。在预排砖中应遵循平面压立面、大面压小面、正面压侧面的原则。阳角处正立面砖盖住侧面砖，除柱面镶贴外，其他阳角不得对角粘贴。

⑦浸砖

已经分选好的瓷砖，在铺贴前应充分浸水润湿，防止用干砖铺贴上墙后，吸收砂浆（灰浆）中的水分，致使砂浆中水泥不能完全水化，造成黏结不牢或面砖浮滑。一般浸水时间不少于 2 h，取出后阴干到表面无水膜，通常需要 6 h 左右。

⑧做灰饼

在铺贴面砖时，应先贴若干块废面砖作为灰饼，上下用托线板挂直，作为粘贴厚度依据。横向每隔 1.5 m 左右做一个灰饼，用拉线或靠尺校正平整度。

在门洞口或阳角处若有镶边，则应将其尺寸留出，先铺贴一侧的墙面瓷砖，并用托线板校正靠直。若无镶边，在做灰饼时，除正面外，阳角的侧面也需有灰饼，即所谓双面挂直。

⑨垫托木

按地面水平线嵌上一根八字尺或直靠尺，用水平尺校正，作为第一行面砖水平方向的依据。

⑩面砖铺贴

施工层从阳角或门边开始，由下往上逐步镶贴。

方法：左手拿砖，背面水平朝上，右手握灰铲，在釉面砖背面满抹灰浆，厚度 5～8 mm，用灰铲将四周刮成斜面，使其形状为"梯形"即打灰完成。

将面砖坐在垫木上，用少许力挤压，用靠尺板横、竖向靠平直，偏差处用灰铲轻轻敲击，使其与底层粘贴密实。在镶贴施工过程中，应随粘贴随敲击，并将挤出的砂浆刮净，同时用靠尺检查表面平整度和垂直度。若地面有踢脚板，则靠尺条上口应为踢脚板上沿位置，以保证面砖与踢脚板接缝美观。

⑪勾缝

在镶贴施工结束后，应进行全面检查，合格后用棉纱将砖表面上的灰浆拭净，同时用与饰面砖颜色相同的水泥嵌缝。

⑫养护、清理

镶贴后的面砖应防冻、防烈日暴晒，以免砂浆酥松。完工 24 h 后，墙面应洒水湿润，以防早期脱水。施工现场、地面的残留水泥浆应及时铲除干净，多余面砖应集中堆放。

3.外墙面砖施工

用于建筑外墙装饰的陶质或炻质陶瓷面砖称为外墙面砖。由于受风吹日晒、冷热交替等自然环境的作用，外墙面砖应结构致密，抗风化能力和抗冻性强，同时具有防火、防水、抗冻、耐腐蚀等性能。

外墙面砖根据外观和使用功能，可以分为彩釉砖、劈离砖、彩胎砖、陶瓷艺术砖、金属陶瓷面砖等。在实际选用时，应该根据具体设计的要求与使用情况而定。

（1）工艺流程

基层处理→抹底、中层灰并找平→选砖→预排砖→弹线分隔→镶贴→勾缝。

（2）施工要点

①基层处理

基层处理同内墙面砖施工。

②抹底、中层灰并找平

外墙面砖的找平层处理与内墙面砖的找平层处理相同。只是应注意各楼层的阳台和窗口的水平方向、竖直方向和进出方向保持"三向"成线。

③选砖

首先按颜色一致选一遍，然后用自制模具对面砖的尺寸大小、厚薄进行分选归类。经过分选的面砖要分别存放，以便在镶贴施工中分类使用，确保面砖的施工质量。

④预排砖

按照立面分隔的设计要求预排面砖，以确定面砖的皮数、块数和具体位置。外墙面砖镶贴排砖的方法较多，常用的有矩形长边水平排列和竖直排列两种。按砖缝的宽度，又可分为密缝排列和疏缝排列。

在预排外墙面砖时应注意：阳角部位应当是整砖，且阳角处正立面整砖应盖住侧立面整砖。对大面积墙面砖的镶贴，除不规则部分外，其他部分不允许使用裁过的砖。除柱面镶贴外，其余阳角不得对角粘贴。

对凸出墙面的窗台、腰线、滴水槽等部位的排砖，应注意面砖必须做出一定的坡度，以盖住立面砖。底面砖应贴成滴水鹰嘴形。

⑤弹线分隔

应根据预排结果画出大样图，按照缝的宽窄（主要指水平缝）做好分隔条，以此作为镶贴面砖的辅助基准线。

在外墙阳角处用线锤吊垂线并用经纬仪进行校核，然后用螺栓将线锤吊正的钢丝上下端固定绷紧，作为垂线的基准线。以阳角基线为准，每隔 1.5～2 m 做灰饼，定出阳角方正，抹灰找平。在找平层上，按照预排大样图先弹出顶面水平线。在墙面的每一部分，根据外墙水平方向的面砖数，每隔约 1 m 弹一垂线。在层高范围内，按照预排面砖的实际尺寸和对称效果，弹出水平分缝、分层皮数。

⑥镶贴

镶贴面砖前应将墙面清扫干净，清除妨碍贴面砖的障碍物，检查平整度和垂直度。铺贴的砂浆一般为水泥砂浆或水泥混合砂浆，其稠度要一致，厚度一般为 6~10 mm。镶贴顺序应自上而下分层分段进行，每层内镶贴程序应是自下而上进行，而且要先贴墙柱、后贴墙面、再贴窗间墙。竖缝的宽度与垂直度，应当完全与排砖时一致；门窗套、窗台及腰线镶贴面砖时，要先将基体分层抹平，并随手划毛，待七八成干时，再洒水抹 2~3 mm 厚的水泥浆，随即镶贴面砖。

⑦勾缝

在完成一个层段的墙面铺贴并经检查合格后，即可进行勾缝。勾缝所用的水泥浆可分两次进行嵌实，第一次用一般水泥砂浆，第二次按设计要求用彩色水泥浆或普通水泥浆勾缝。

（二）内外墙石材施工

石材贴面铺贴方法有干挂法、湿挂法、直接粘贴法等。其中，干挂法是指在建筑物主体结构的外表面，通过安装不锈钢柔性连接件将石板干挂安装的方法，这样石板和主体结构之间会留有一定的空隙，不必灌注水泥砂浆，从而避免出现析碱现象。湿挂法一般是指石材基层用水泥砂浆作为粘贴材料，先挂板后灌砂浆的施工方法。

1.施工准备

（1）材料准备

①石材

根据设计要求，一般选用天然大理石、天然花岗石、人造石材等。

②修补胶黏剂及腻子

一般应准备环氧树脂胶黏剂、环氧树脂腻子、颜料等。

③防泛碱材料及防风化涂料

防泛碱材料及防风化涂料包括玻璃纤维网格布、石材防碱背涂处理剂、罩面剂等。

④连接件

连接件有金属膨胀螺栓、钢筋骨架、金属夹、铜丝或钢丝等。

⑤黏结材料及嵌缝膏

黏结材料及嵌缝膏一般包括水泥、砂、嵌缝膏、密封胶、弹性胶条等。

⑥辅助材料

辅助材料有石膏、塑料条、防污胶带、木楔、防锈漆等。

（2）主要机具

主要机具包括砂浆搅拌机、电动手提切割锯、台式切割机、钻、砂轮磨光机、冲击电钻、嵌缝枪、专用手推车、尺、锤、凿、剁斧、抹子、粉线包、墨斗、线坠、挂线板、施工线、刷子、铲、灰槽、桶、钳、红铅笔等。

（3）作业条件

①主体结构已验收完毕。

②影响饰面板施工的水、电、通风设备等已完成安装。

③内外门窗框均已安装完毕，安装质量符合要求，塞缝符合规范及设计要求，门窗框已贴好保护膜。

④室内墙面已弹好水平基准线，室外水平基准线应使整个外墙面能够交圈。

⑤基体的预埋件（含后置埋件）的规格、位置、数量符合设计要求。

⑥脚手架满足施工及安全要求。

⑦有防水层的房间、平台、阳台等，已做好防水层和保护层，并经验收合格。

2.施工工艺

（1）湿挂法施工工艺

①施工流程

板材钻孔、剔槽→骨架安装→穿铜丝或钢丝与块材固定→绑扎→吊垂直、找规矩、弹线→防碱背涂处理→安装石材→分层灌浆→擦缝。

②施工要点

板材钻孔、剔槽：安装前先将饰面板按照设计要求用台式钻床打眼，事先应钉木架使钻头直对板材上端面,在每块饰面板的上、下两个面打眼,孔位打在距板宽的两端 1/4 处,每面各打两个眼。一般情况下,孔径为 5 mm(瓷板孔径宜为 3.2~3.5 mm),深度为 12 mm(瓷板深度宜为 20~30 mm),孔位距石板背面以 8 mm 为宜。每块石材与钢筋网连接点不得少于 4 个,若石材宽度较大,可以增加打孔的数量。钻孔后用电动手提切割锯轻轻剔一道槽,深 5 mm 左右,连同孔眼形成象鼻眼,以埋卧铜丝或钢丝。

若饰面板规格较大,下端不好拴绑铜丝或钢丝,也可在未镶贴饰面的一侧,采用电动手提切割锯按规定在板高的 1/4 处上、下各开一槽(槽长 30~40 mm,槽深约 12 mm,与饰面板背面打通,竖槽一般居中,也可偏外,但以不损坏外饰面和不泛碱为宜),可将铜丝或钢丝卧入槽内,与钢筋网拴绑固定。此法也可直接在镶贴现场使用。

骨架安装:将符合设计要求的钢筋或型钢与基体预埋件可靠连接,再将钢筋或型钢根据设计的间距焊接成钢筋网骨架。焊接时焊点(缝)应结实牢固,不得假焊、虚焊,焊渣应随时清理干净。

穿铜丝或钢丝与块材固定:把备好的铜丝或钢丝剪成长 200 mm 左右的短丝,一端用木楔沾环氧树脂并伸进孔内固定牢固,另一端顺孔槽弯曲并卧入槽内,使石材上下端面没有铜丝或钢丝突出,以便和相邻石材接缝严密。

绑扎:横向钢筋为绑扎石材所用,若板材高度为 600 mm,第一道横筋在地面以上 100 mm 处与主筋绑牢,用于绑扎第一层板材的下口;第二道横筋绑扎在比板材上口低 20~30 mm 处,用于绑扎第一层板材上口。

吊垂直、找规矩、弹线:首先将要贴石材的墙面、柱面和门窗套用大线坠从上至下找出垂直。应考虑石材厚度、灌注砂浆的空隙和钢筋网尺寸,一般石材外皮距结构面的厚度应以 50~70 mm 为宜。找出垂直后,在地面上顺墙弹出石材等外廓尺寸线,此线即为第一层石材的安装基准线。在弹好的基准线上画出就位线,每块留 1 mm 缝隙(若设计要求拉开缝,则按设计规定留出缝隙),并根据设计图纸和实际需要弹出安装石材的位置线和分块线。

防碱背涂处理:粘贴的石材根据设计要求进行防碱背涂处理。

安装石材：按部位取石材并舒直铜丝或钢丝，将石材就位，石材上口外仰，右手伸入石材背面，把石材下口铜丝或钢丝绑扎在横筋上。绑得不要太紧，只要把铜丝或钢丝和横筋拴牢即可。把石材竖起，便可绑石材上口铜丝或钢丝，并用木楔子垫稳，块材与基层间的缝隙一般为 30～50 mm，用靠尺板检查调整木楔；再拴紧铜丝或钢丝，依次向另一方进行。柱面可按顺时针方向安装，一般先从正面开始。第一层安装完毕再用靠尺找垂直、水平尺找平整、方尺找阴阳角方正，在安装石材时若发现石材规格不准确或石材之间的空隙不符，则应用铅皮垫牢，使石材之间缝隙均匀一致，并保持第一层石材上口的平直。然后调制熟石膏，把调成粥状的石膏贴在石材上下之间，使这两层石材结合成一个整体，木楔处也可粘贴石膏，再用靠尺检查有无变形，等石膏硬化后方可灌浆（设计有嵌缝塑料软管的，应在灌浆前将其塞放好）。

分层灌浆：石材固定就位后，应用质量比为 1：2.5 的水泥砂浆分层灌注，每层灌注高度为 150～200 mm，且不得大于饰面板高的 1/3，并插捣密实，待其初凝后方可灌注上层水泥砂浆。施工缝应留在饰面板的水平接缝以下 50～100 mm 处。若在灌浆中饰面板发生移位，则应及时拆除重装，以确保安装质量。砂浆中掺入的外加剂对铜丝或钢丝应无腐蚀作用，其掺量应通过试验确定。

擦缝：全部石材安装完毕后，清除石膏和余浆痕迹，用抹布擦洗干净，并按石材颜色调制色浆嵌缝，边嵌边擦干净，使缝隙密实、均匀、干净、颜色一致。

安装柱面石材，其弹线、钻孔、绑钢筋和安装等工序与镶贴墙面方法相同，要注意灌浆前用木方子钉成槽形木卡子，双面卡住石材，以防灌浆时石材外胀。

（2）干挂法施工工艺

①施工流程

基层处理→墙体测放水平、垂直线→钢架制作安装→挂件安装→选板、预拼、编号、开槽钻孔→石材安装→密封胶灌缝。

②施工要点

基层处理：墙体为混凝土结构时，应对墙体表面进行清理修补，使墙面修补处平整结实。

墙体测放水平、垂直线：依照室内水平基准线，找出地面标高，按板材面积计算纵横的皮数，用水平尺找平，并弹出板材的水平和垂直控制线。

钢架制作安装：用直径 0.5～1.0 mm 的钢丝在基体的垂直和水平方向各拉两根作为安装控制线，将符合设计要求的立柱焊接在预埋件上。全部立柱安装完毕后，复验其间距、垂直度。两根立柱相接时，其接头处的连接要符合设计要求，不能焊接。安装横梁，根据安装控制线在水平方向拉通线，横梁的一端通过连接件与立柱用螺栓固定连接，另一端与立柱焊接，焊接时焊缝应饱满，无假焊、虚焊。钢架制作完毕后应做防锈处理。基体为混凝土且无预埋件的，根据设计要求可在混凝土基体上钻孔，放入金属膨胀螺栓与干挂件直接连接。

挂件安装：不锈钢扣槽式挂件由角码板、扣齿板等构件组成；不锈钢插销式挂件由角码板、销板、销钉等构件组成；铝合金扣槽式挂件由上齿板、下齿条、弹性胶条等构件组成。挂件连接应牢固可靠，不得松动；挂件位置调节适当，并能保证石材连接固定位置准确；不锈钢挂件的螺栓紧固力矩应取 40～45 N·m，并应保证紧固可靠；铝合金挂件挂接钢架 L 型钢的深度不得小于 3 mm，M4 螺栓（或 M4 抽芯斜钉）要紧固可靠且间距不宜大于 300 mm；铝合金挂件与钢材接触面，宜加设橡胶或塑胶隔离层。

选板、预拼、编号、开槽钻孔：石材镶贴前，应挑选颜色、花纹，进行预拼、编号。板的编号应符合安装时流水作业的要求。开槽或钻孔前应逐块检查板厚度、裂纹等质量指标，不合格的不得使用。开槽长度或钻孔数量应符合设计要求，开槽钻孔位置在规格板厚中心线上；钻孔的边孔至板角的距离宜取 0.15～0.2 b（b 为板支承边边长），其余孔应在两边孔范围内等分设置。当因开槽或钻孔而导致石材开裂时，该石材不得使用。

石材安装：当设计对装配式建筑物外墙有防水要求时，安装前应修补施工过程中损坏的外墙防水层。除设计特殊要求外，同幅墙的石材色彩宜一致。清理石材的槽（孔）内及挂件表面的灰粉。扣齿板的长度应符合设计要求。扣齿或销钉插入石材深度应符合设计要求，扣齿插入深度允许偏差为±1 mm，销钉插入深度允许偏差为±2 mm。当为不锈钢挂件时，应将环氧树脂浆液抹入槽（孔）内，满涂挂件与石材的接合部位，然后插入扣齿或销钉。

密封胶灌缝：检查复核石材安装质量，清理拼缝。当石材拼缝较宽时，可先填充材料，后用密封胶灌缝。挂件为铝合金时，应采用弹性胶条将挂件上下扣齿间隙塞填压紧，塞填前的胶条宽度不宜小于上下扣齿间隙的 1.2 倍。密封胶颜色应与石材色彩相配。当设计未对灌缝高度作规定时，其宜与石材的板面齐平。灌缝应饱满平直，宽窄一致。灌缝时注意不能污损石材面，一旦污损石材面应及时清理。如果石材缝潮湿，应干燥后再进行密封胶灌缝施工。石材饰面与门窗框接合处等的边缘处理，应符合设计要求。

（三）玻璃镜面施工

用玻璃和镜面进行装饰，可以使装饰面显得规整、明亮，同时玻璃镜可以起到扩大空间、反射景物、营造气氛等作用。

玻璃镜面的安装方法大致可以分为五种：螺丝固定、嵌钉固定、黏结固定、托压固定、黏结支托固定。每种安装方法都有各自的特点和使用范围。根据镜面的大小、排列方法、使用场所等因素，可使用其中一种安装方法或几种安装方法组合使用。

1.施工准备

（1）材料

①镜面材料

镜面材料包括普通平镜、带凹凸线脚或花饰的单块特制镜等，有时为了美观及减少玻璃镜的安装损耗，加工时可将玻璃的边缘磨圆。

②衬底材料

衬底材料包括木墙筋、胶合板、沥青、油毡等，也可选用一些特制的橡胶、塑料、纤维类的衬底垫块。

③固定用材料

固定用材料一般包括螺钉、铁钉、玻璃胶、环氧树脂胶、盖条（木材、铜条、铝合金型材等）、橡皮垫圈等。

（2）工具

常用的工具有玻璃刀、玻璃吸盘、水平尺、托板尺、玻璃胶筒及固钉工具（如锤子、螺丝刀）等。

2.施工工艺

安装玻璃镜的基本施工程序是：基层处理→立筋→铺钉衬板→镜面切割→镜面钻孔→镜面固定。

（1）基层处理

在砌筑墙体或柱子时，预埋木砖，其横向长度与镜宽相等，竖向高度与镜高相等，大面积的镜面还需在横竖向每隔 500 mm 埋木砖。墙面要进行抹灰，根据安装使用部位的不同，要在抹灰面上烫热沥青或贴油毡，也可将油毡夹于木材板和玻璃之间，主要是为了防止潮气使木材板变形，以及使镜面镀层脱落，失去光泽；或使用新型防水、防雾镜片。

（2）立筋

墙筋为 40 mm 或 50 mm 见方的小木方。安装小块镜面多为双向立筋，安装大块镜面可以单向立筋，横竖墙筋的位置须与木砖一致。要求立筋横平竖直，以便于木衬板和镜面的固定。因此，立筋时也要挂水平、垂直线。安装前要检查防潮层是否做好，立筋钉好后，要用长靠尺检查平整度。

（3）铺钉衬板

木衬板为 15 mm 厚木板或 5 mm 胶合板，用小铁钉与墙筋钉接，钉头没入板内。衬板的尺寸可以大于立筋间距尺寸，这样可以减少裁剪工序，提高施工效率。要求木衬板无翘曲、起皮，且表面平整、清洁，板与板之间的缝隙应在立筋处。

（4）镜面切割

一定尺寸的镜面一般需从大片镜面上切割下来。在台案或平整地面上铺胶合板或地毯后，方可进行切割。按照设计尺寸，用靠尺板做依托，用玻璃刀在大片镜面上一次性从头划到尾，将镜面切割线移到台案边缘，一只手按住靠尺板，另一只手握住镜面边，迅速向下扳。切割和搬运镜面时，操作者要戴手套。

（5）镜面钻孔

若选择螺钉固定，则需钻孔。孔的位置一般在镜面的边角处。首先将镜面放在操作台案上，按钻孔位置量好尺寸，标注清楚，然后在拟钻孔位置浇水，钻头钻孔直径应大于螺丝直径。钻孔时，应不断往镜面上浇水，直至钻透，注意要在钻孔时减轻用力。

（6）镜面固定

①开口螺丝固定

开口螺丝固定方式，适用于安装 1 m² 以下的小镜。墙面为混凝土基底时，预先插入木砖、埋入锚塞，或在木砖、锚塞上再设置木墙筋，再用平头或圆头螺丝透过钻孔钉在墙筋上，对玻璃起固定作用。

②嵌钉固定

嵌钉固定是把嵌钉钉在墙筋上，将镜面玻璃的四个角压紧的固定方法。

③粘贴固定

粘贴固定是将镜面玻璃用环氧树脂或玻璃胶粘贴在木材板（镜垫）上的固定方法。该方法适用于安装 1 m² 以下的镜面。在柱子上镶贴镜面时，多采用这种方法。

④托压固定

这种方法主要靠压条和边框托将镜面托压在墙上，压条和边框常常采用木材、塑料和金属型材（如专门用于镜面安装的铝合金型材）制作。也可用支托五金件的方法，该方法适用于安装 2 m² 左右的镜面，这种方法无须开孔，完全凭借五金件支托镜面,是一种较安全的安装方法。

⑤粘贴支托固定

对于较大面积的单块镜面,以托压固定法为主,也可结合粘贴固定法固定。镜面本身重量主要靠下部边框或砌体承载,其他边框主要起到防止镜面倾斜和装饰的作用。

3.细部处理

(1)粘贴组合玻璃镜面

在墙面粘贴小块玻璃镜时,应按照弹线位置,从上到下逐块粘贴。在块与块之间的接缝处涂上少许玻璃胶。

(2)墙柱面角位收边方式

①线条压边法,在玻璃镜的黏结面上,留出一定的位置,以便安装线条,压边收口固定。

②玻璃胶收边法,可将玻璃胶注在线条的角位处,或注在两块镜面的对角口处。

(3)玻璃镜与建筑基面的结合

如果玻璃镜直接安装在建筑物基面上,则应检查基面平整度,若不够平整,要重新批刮或加装木夹板基面。玻璃镜与基面安装时,通常用线条嵌压或用玻璃钉固定(通常安装前,应在玻璃镜背面粘贴一层牛皮纸做保护层),线条和玻璃钉都钉在埋入墙面的木楔上。

4.注意事项

①按照设计图纸施工,选用的材料规格、品种、色泽应符合设计要求。

②浴室或易积水处,应选用防水性能好、耐酸碱腐蚀的玻璃镜。

③在同一墙面上安装同色玻璃时,最好选用同一批次的产品,以免因色差而影响装饰效果。

④为确保耐久性,面积较大的玻璃镜应固定在有承载能力、干燥、平整的墙面上。

⑤玻璃镜类材料应存放在干燥通风的室内,每箱都应立放,防止压碎、

折裂。

⑥安装后的镜面应平整、洁净，接缝顺直、严密，不得有翘曲、松动、裂隙、掉角等质量问题。

第三节　装配式建筑吊顶工程施工

吊顶是建筑内部的上部界面装饰工程，是室内装修的重要部位，其装饰效果对室内的整体装饰效果有重要影响。

吊顶的形式和种类繁多。按骨架材料不同，可分为木龙骨吊顶、轻钢龙骨吊顶和铝合金龙骨吊顶等；按罩面材料的不同，可分为抹灰吊顶、纸面石膏板吊顶、纤维板吊顶、胶合板吊顶、塑料板吊顶和金属板吊顶等；按设计功能不同，可分为艺术装饰吊顶、吸音吊顶、隔音吊顶、发光吊顶等；按安装方式不同，可分为直接式吊顶、悬吊式吊顶等。

直接式吊顶按照施工方法和装饰材料，可以分为直接刷（喷）浆顶棚、直接抹灰顶棚和直接粘贴式顶棚。悬吊式吊顶，又称为天花板、天棚、平顶等，具有保温、隔热、隔音和吸音作用，既可以增加室内的亮度，又能达到节约能耗的目的，是现代装配式建筑装饰设计中常用的吊顶方式。

吊顶工程除了要具有优美的造型，还要处理好声学（吸收和反射音响）、人工照明、空气调节（通风和换气）以及防火等有关技术问题。由于顶棚表面的反射作用，吊顶不仅能增加室内的亮度，而且有防寒保温、隔热、隔音等功能，同时能为空调、灯具、管线提供安装条件，为人们的工作、学习、生活创造舒适的环境。吊顶的形式和种类虽然很多，但其功能和施工工艺大体相同。

下面主要介绍木龙骨板材罩面吊顶和轻钢龙骨石膏板吊顶的施工。

一、木龙骨板材罩面吊顶施工

木龙骨便于加工，适用于面积较小且造型复杂的吊顶工程，其装饰面层可以选用胶合板、纤维板、石膏板、塑料板和各种吸音装饰板等。

下面主要介绍胶合板罩面吊顶施工。

（一）胶合板材的质量要求

胶合板材相邻两层板的木纹应互相垂直；中心层两侧对称层的单板应为同一厚度、同一树种或物理性能相似的树种，并用同一生产方法（旋切或刨切），且木纹配置方向也相同；同一表板应为同一树种，表板应面朝外。

拼缝应用无孔胶纸带，但该纸带不得用于胶合板内部。若用其拼接一、二等面板或修补裂缝，除不修饰外，事后应除去胶纸带且不留明显胶纸痕迹。对于针叶树材二等胶合板面板，允许留有胶纸带，但总长度不超过板长的 15%。

在正常的干状条件下，阔叶树材胶合板的表层单板厚度应不超过 3.5 mm，内层单板厚度应不超过 5 mm；针叶树材胶合板的表层单板和内层单板厚度，均应不超过 6.5 mm。

（二）木龙骨的吊装施工

1.放线

放线是吊顶施工中比较重要的环节。应放的线包括标高线、造型位置线、吊点布置线、大中型灯位线等。

放线的作用：一方面使施工有了基准线，便于确定下一道工序的施工位置；另一方面能检查吊顶以上部位的管道等对标高位置的影响。

2.木龙骨处理

木龙骨需按照设计要求进行防火、防腐处理。

3.龙骨拼装

龙骨常采用咬口（半样扣接）拼装法，具体做法为在龙骨上开出凹槽，槽深、槽宽以及槽与槽之间的距离应符合有关规定。然后，将凹槽与凹槽进行咬口拼装，凹槽处应涂胶并用钉子固定，见图5-2。

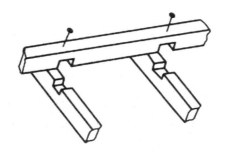

图 5-2　木龙骨咬口拼装示意图

4.安装吊点、吊筋

吊点安装常用到膨胀螺栓、射钉、预埋铁件等。

①用冲击电钻在建筑结构底面打孔，然后放入膨胀螺栓；用射钉将角铁等固定在建筑结构底面。

②预埋件需在结构施工时埋入，预埋件常采用钢板、铁件等。

当在装配式空心楼板顶棚底面采用膨胀螺栓或射钉固定吊点时，其吊点必须设置在已灌实的楼板板缝处。

吊筋安装需用到钢筋、角钢、扁铁或方木，其规格应满足承载要求，吊筋与吊点的连接可采用焊接、钩挂、螺栓或螺钉连接等方法。吊筋安装时，应做防腐、防火处理。

5.固定沿墙龙骨

沿吊顶标高线固定沿墙龙骨，一般是用冲击钻在标高线以上 10 mm 处墙面打孔，孔深 12 mm，孔距 0.5～0.8 m，孔内塞入木楔，将沿墙龙骨钉固在墙内木楔上，沿墙木龙骨的截面尺寸与吊顶次龙骨尺寸一样。沿墙木龙骨固定后，其底边与其他次龙骨底边标高一致。

6.龙骨吊装固定

木龙骨吊顶的龙骨架有两种形式,即单层网格式木龙骨架和双层木龙骨架。单层网格式木龙骨架采用同规格的木龙骨(常采用规格 30 mm×40 mm 或 25 mm×30 mm)咬口拼装而成,双层木龙骨架是在单层网格式木龙骨架上部设置主龙骨(常采用规格 50 mm×70 mm 或 60 mm×80 mm)并与吊杆连接。

(1)单层网格式木龙骨架的吊装固定

①分片吊装。单层网格式木龙骨架的吊装一般先从一个墙角开始,将拼装好的木龙骨架托起至标高位。高度低于 3.2 m 的吊顶骨架,可用高度定位杆作临时支撑。高度超过 3.2 m 的,可先用铁丝在吊点作临时固定;然后,用棒、线绳或尼龙线沿吊顶标高线拉出平行或交叉的几条水平基准线,作为吊顶的平面基准;最后,将龙骨架向下慢慢移动,使之与基准线平齐,待整片龙骨架调正、调平后,先将其靠墙部分与沿墙龙骨钉接,再用吊筋与龙骨架固定。

②龙骨架与吊筋固定。龙骨架与吊筋的固定方法有多种,视选用的吊杆材料和构造而定,常采用绑扎、钩挂、木螺钉固定等方法。

③龙骨架分片连接。龙骨架分片吊装在同一平面后,要进行分片连接,使之形成整体,其方法是将端头对正,用短方木进行连接,短方木钉于龙骨架对接处的侧面或顶面,对于一些重要部位的龙骨连接,可用铁件进行连接加固。

④叠级吊顶龙骨架连接。对于叠级吊顶,一般是先从最高平面(相对可接地面)吊装,其高低面的衔接,常用做法是先以一条方木斜向将上下平面龙骨架定位,然后用垂直的方木把上下两个平面龙骨架连接固定。

⑤龙骨架调平与起拱。对一些面积较大的木龙骨架吊顶,可采用起拱的方法来平衡吊顶的重力。一般情况下,跨度在 7～10 m,起拱量为 3/1 000;跨度在 10～15 m,起拱量为 5/1 000。

(2)双层木龙骨架的吊装固定

①主龙骨架的吊装固定。按照设计要求的主龙骨间距(通常为 1 000～1 200 mm)布置主龙骨(通常沿房间的短向布置),并与已固定好的吊杆间距一致。连接时先将主龙骨搁置在沿墙龙骨(标高线木方)上,调平主龙骨,然

后与吊杆连接并与沿墙龙骨钉接或用木楔将主龙骨与墙体楔紧。

②次龙骨架的吊装固定。次龙骨是由小木方通过咬口拼接而成的木龙骨网格，其规格、要求及吊装方法与单层网格式木龙骨吊顶相同。将次龙骨吊装至主龙骨底部并调平后，用短木方将主、次龙骨连接牢固。

（三）胶合板的罩面施工

1.基层板接缝的处理

基层板的接缝形式，常见的有对缝、凹缝和盖缝三种。

①对缝（密缝）：板与板在龙骨上对接，此时板多为粘、钉在龙骨上，缝处容易产生变形或裂缝，可用纱布粘贴缝隙。

②凹缝（离缝）：在两板接缝处做凹槽，凹槽有 V 形和矩形两种。凹缝的宽度一般不小于 10 mm。

③盖缝（离缝）：板缝不直接暴露在外，而是利用压条盖住板缝，这样可以避免缝隙宽窄不均。

2.基层板的固定

①钉接：用铁钉将基层板固定在木龙骨上，钉距为 80～150 mm，钉长为 25～35 mm，钉帽砸扁并进入板面 0.5～1 mm。

②粘连：就是用各种胶黏剂将基层板粘连在龙骨上，如矿棉吸音板可用一定比例的水泥石膏粉加入适量的 107 胶进行粘连。

工程实践证明，对于基层板的固定，若采用粘、钉结合的方法，则固定更为牢固。

（四）木龙骨吊顶节点处理

1.阴角节点处理

阴角是指两面相交内凹部分，其处理方法通常是用角木线钉压在角位上，固定时用直钉枪，在木线条的凹部位置打入直钉。

2.阳角节点处理

阳角是指两相交面外凸的角位，其处理方法也是用角木线钉压在角位上，将整个角位包住。

3.过渡节点处理

过渡节点位于两个落差较小的面接触处或平面上，以及两种不同材料的对接处。其处理方法通常是用木线条或金属线条固定在过渡节点上，木线条可直接钉在吊顶面上，不锈钢等金属条则用粘贴法固定。

二、轻钢龙骨石膏板吊顶施工

（一）施工材料

1.石膏板

材质、规格及质量性能指标符合设计及规范要求，选用的品牌应得到业主的认可。

2.龙骨

龙骨应采用原厂产品配套的镀锌龙骨，质量应符合相关规定，双面镀锌量不小于 120 g/m²。

3.零配件

所需的零配件如镀锌钢筋吊杆、射钉、镀锌自攻螺钉等，质量也应符合相关规定。

（二）主要施工机具

电锯、无齿锯、射钉枪、手锯、手刨子、钳子、螺丝刀、扳子、方尺、钢尺、钢卷尺等。

（三）施工前的检查工作

①应熟悉施工图纸及设计说明。

②应按设计要求对空间净高、洞口标高和吊顶内管道、设备及其支架标高进行交接检查。

③应对吊顶内管道、设备的安装及水管试压进行验收，确定好灯位、通风口及各种露明孔口位置，并核对吊顶高度。

④检查所用的材料和配件是否准备齐全。在安装龙骨之前必须完成墙面的作业项目。搭设好顶棚施工的操作平台架子。

⑤在大面积施工前，应做样板间，对顶棚、灯槽、通风口等应试装并经鉴定合格后方可大面积施工。

（四）工艺流程

基层处理→测量放线→安装吊筋→安装主龙骨→安装副龙骨→安装横撑龙骨→安装石膏板→处理缝隙→涂料基层→涂料施工→清理验收→成品保护。

下面重点介绍前七个施工环节。

1.基层清理

吊顶施工前应将管道洞口封堵处以及顶上的杂物清理干净。

2.测量放线

根据每个房间的水平控制线确定吊顶标高线，并在墙顶上弹出吊顶龙骨线作为安装的标准线，同时在标准线上画好龙骨分档间距位置线。

3.安装吊筋

吊筋紧固件或吊筋与楼面板或屋面板结构的连接固定有以下四种常见方式：

①用 M8 或 M10 膨胀螺栓将角钢固定在楼板底面上。注意钻孔深度应大于或等于 60 mm，打孔直径略大于螺栓直径 2～3 mm。

②用射钉将角钢或钢板等固定在楼板底面上。

③浇捣混凝土楼板时，在楼板底面（吊点位置）预埋铁件，可采用 150 mm×150 mm×6 mm 钢板焊接铆钉，铆钉在板内铆固长度不小于 200 mm。

④采用短筋法在现浇板浇筑时或预制板灌缝时预埋短钢筋，要求外露部分（露出板底）不小于 150 mm。

4.安装主龙骨

吊顶采用 U50 主龙骨，吊顶主龙骨间距为 600 mm，沿房间长向安装，同时应起拱（房间跨度的 1/500）；端头距墙 300 mm 以内，安装主龙骨时，将主龙骨用吊挂件连接在吊杆上，拧紧螺丝；主龙骨连接部分要增设吊点，用连接件连接，接头和吊杆方向也要错开；根据现场吊顶的尺寸，严格控制每根主龙骨的标高；随时拉线检查龙骨的平整度，不得有悬挑过长的龙骨。

5.安装副龙骨

副龙骨间距为 400 mm，两条相邻副龙骨端头接缝不能在一条直线上，副龙骨可采用相应的吊挂件固定在主龙骨上，并可根据吊顶的造型进行叠级安装。注意应在吊灯、窗帘盒、通风口周围加设副龙骨。

6.安装横撑龙骨

在两块石膏板接缝的位置安装 U50 横撑龙骨，间距 1 200 mm。横撑龙骨垂直于副龙骨方向，采用水平连接件与副龙骨固定。石膏板接头处必须增设横撑龙骨。

7.安装石膏板

石膏板应在自由状态下固定，长边沿纵向龙骨铺设，自攻螺钉间距为 10～16 cm，钉头应略埋入板面，刷防锈漆，按设计要求处理板接缝。

（五）注意事项

①顶棚施工前，顶棚内所有管线，如智能建筑弱电系统工程的全部线路必须全部铺设完毕。

②吊筋、膨胀螺栓应当全部做防锈处理。

③为保证吊顶骨架的整体性和牢固性，龙骨的接头应错位安装，相邻三排龙骨的接头不应接在同一直线上。

④顶棚内的灯槽、斜撑、剪刀撑等，应按具体设计施工。轻型灯具可吊装在主龙骨或附加龙骨上，重型灯具或电扇不得与吊顶龙骨连接，而是应另设吊钩吊装。

⑤嵌缝石膏粉（配套产品）是以精细的半水石膏粉加入一定量的缓凝剂等加工而成的，主要用于纸面石膏板嵌缝及钉孔填平等处。

⑥温度变化对纸面石膏板的线膨胀系数影响不大，但空气湿度会对纸面石膏板的线性膨胀和收缩产生较大影响。为了保证装修质量，避免纸面石膏板在干燥时出现裂缝，在空气湿度较高的环境下一般不宜嵌缝。

⑦对于大面积的纸面石膏板吊顶，应注意设置膨胀缝。

第六章　BIM 技术在装配式
建筑中的应用

第一节　BIM 技术概述

一、BIM 技术的概念

BIM 技术是一种以 3D 数字化为基础的建筑信息模型构建，能够以更加真实、精准的数据还原建筑工程项目的全部信息，也是建筑工程设计、施工等过程中常用到的信息模型技术。BIM 技术是一种革命性的工程技术，它通过创建建筑物的精确虚拟模型，集成项目信息，从而实现对建筑物全生命周期的有效管理。这个模型不仅包含建筑物的几何形状，还包括时间维度、成本信息，以及后期运维阶段所需的相关数据。随着智能建筑和可持续设计的需求增加，BIM 技术不断进化，集成了更多先进的功能，如能效分析、建筑性能模拟等。

BIM 技术的相关理念，早在 20 世纪 70 年代就由美国佐治亚理工学院的查克·伊斯曼（Chuck Eastman）博士提出。图 6-1 诠释了 BIM 理念从 20 世纪 70 年代到 21 世纪初期的发展过程。

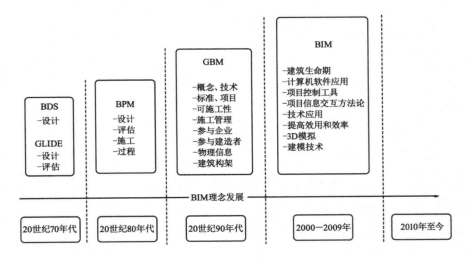

图 6-1　BIM 技术理念的发展过程

1975 年，伊斯曼博士提出了建筑描述系统（building description systems, BDS）理念，这一系统主要用于产品设计阶段的早期协调。1977 年，交互设计的图形语言（graphical language for interactive design, GLIDE）被提出，用于改进 BDS。随着计算机信息技术的发展，1989 年，一种更先进的系统——建筑产品模型（building product model, BPM）系统问世，BPM 系统第一次以产品库的形式来定义工程的信息，这对建筑信息模型的发展来说是一个质的飞跃。1995 年，一种基于 BPM 概念的遗传构建模型（genetic building model, GBM）系统问世，GBM 第一次提出了涵盖工程生命周期的信息模型理念。2000 年，基于 BPM 的 BIM 理念被提出，随后的 2002 年，美国 Autodesk 公司第一次使用 BIM 这个称呼来表达上述理念。2006 年，BIM 被定义为用于管理和提升工程品质的一种新的方法体系，并采用开放式的 IFC 标准（工业基础类标准）定义数据模型。

二、BIM 技术的主要特征

根据国内外一些学者的观点，BIM 技术具有完备性、关联性、一致性、优化性四个特征。

（一）完备性

BIM 技术的完备性是指其除了包含工程对象的 3D 几何信息和拓扑关系的描述，还包含完整的工程信息描述。另外，BIM 技术是一个完备的单一工程数据集，不同用户可从这个数据集中获取所需的数据和工程信息。

（二）关联性

BIM 技术的关联性是指各个对象之间是可识别且相互关联的。此外，BIM 技术能够根据用户指定的方式进行显示，如在二维视图中生成各种施工图（平面图、剖面图、详图等），且 BIM 技术模型可以展示不同的三维视图，以及生成三维效果图。

（三）一致性

BIM 技术的一致性主要体现在，工程生命周期的不同阶段的模型信息是一致的，同一信息只输入一次即可。因此，在设计过程中，工程信息无须重新输入，对中心对象可以简单地进行修改和扩展，以包含下一阶段的设计信息，并与当前阶段的设计要求保持细节一致。

（四）优化性

BIM 模型可提供建筑物实际存在的信息，包括几何信息、物理信息、规则信息等，并能在建筑物变化后自动修改和调整这些信息。现代建筑物越来越复杂，在优化过程中需处理的信息较多，BIM 技术与其配套的各种优化工具为复杂工程项目的优化提供了可能。

目前，基于 BIM 技术，人们可完成以下项目的优化：

第一，设计方案优化。将工程设计与投资回报分析结合起来，可以实时计算设计变化对投资回报的影响。这样，建设单位可以知道哪种设计方案更符合自身需求。

第二，特殊项目的设计优化。有些工程部位往往存在不规则设计，如裙房、幕墙、屋顶等。这些工程部位通常也是施工难度较大、产生施工问题比较多的地方，借助 BIM 技术对这些部位的设计和施工方案进行优化，可以缩短施工工期，降低工程造价。

三、BIM 技术的发展趋势

目前，BIM 技术的发展仍处于初级阶段，虽然 BIM 技术在施工企业得到了一定程度的普及，在工程量计算、协同管理、深化设计、虚拟建造、资源计划、工程档案与信息集成等方面有所发展，但还未得到充分挖掘。BIM 技术的发展趋势主要表现在以下几点：

（一）BIM＋项目管理

精细化、信息化和协同化是建筑工程项目管理的发展趋势。以 BIM 为枢纽的中央数据库可有效满足项目各方对信息的需求，有助于实现项目管理的精细化。BIM 与项目管理系统深度融合，可为项目管理的各项业务提供准确的基础数据、技术分析手段等，实现数据生产与使用、流程审批、动态统计、决策分析的管理闭环，有效解决项目管理中的生产协同、数据协同等难题，大幅提高工作效率和决策水平。

（二）BIM＋设施管理

从广义上讲，设施管理还包括运维管理、物业管理和资产管理等。持续的信息流是高效管理的前提。基于 BIM 模型进行项目交付为设施管理提供了持续的信息流，便于高效地管理设施。二者的深度融合有助于实时定位建筑资源、实现数字资产的及时获取等。

（三）BIM＋云平台

云平台借助云计算技术和其他相关技术，实现服务端和终端的互动。如何进行项目协同、数据共享和三维模型快速处理是 BIM 技术需解决的问题。利用云平台可将 BIM 应用中大量计算工作转移到云端，以提升计算效率；基于云平台的大规模数据存储能力，人们可将 BIM 及其相关的业务数据同步到云端，方便用户随时随地访问并与协作者共享。

（四）BIM＋地理信息系统

地理信息系统（geographic information system, GIS）的主要功能是收集、存储、分析、管理和呈现与位置有关的数据。借助 GIS 的功能，人们可解决区域性、大规模工程的 BIM 应用问题，可实现宏观、中观和微观相结合的多层次管理。在城市规划、城市交通分析、城市微环境分析、市政管网管理、住宅小区规划、数字防灾、既有建筑改造等领域均可应用 BIM＋地理信息系统，构建重要的城市基础数据库。

（五）BIM 与物联网、智能仪器集成

BIM 技术具有上层信息集成、交互、展示和管理的作用，物联网技术具有底层信息感知、采集、传递和监控的功能，二者集成有助于实现虚拟信息化管理与环境硬件之间的融合，将在工程项目建造和运维阶段产生极大的价值，也是行业大数据形成的重要基础。例如，物联网与 BIM 集成，在施工阶段，有助

于实现对施工质量、物料的动态监管，提高施工管理水平；在运维阶段，有助于实现建筑设施管理，提高设施利用效率。

BIM 与智能仪器集成是通过对软件、硬件进行整合，将 BIM 代入工程项目现场，利用其中的数据信息驱动智能仪器进行工作的。例如，借助 BIM 技术，相关人员可利用模型中的三维空间坐标数据驱动智能型全站仪进行测量，实现自动精确放样，为深化设计和施工质量检查提供依据。

四、BIM 技术的价值

作为基建大国，我国许多建筑工程具有投资多、施工周期较长、参与人员多、施工环境复杂多变等特征。为了保障建筑工程的建设质量，相关人员需要不断提高建筑工程管理水平，而这离不开 BIM 技术。BIM 技术的价值主要表现为以下几点：

（一）有助于各专业深化设计

深化设计是指在业主或设计顾问提供的条件图或原理图的基础上，结合施工现场实际情况，对图纸进行细化、补充和完善。深化设计是为了让设计师的设计理念、设计意图在施工过程中得到充分体现；是为了在满足甲方需求的前提下，使施工图更加符合现场实际情况，是施工单位的施工理念在设计阶段的延伸；是为了更好地为甲方服务，满足现场不断变化的需求；是为了在满足功能的前提下降低成本，为企业创造更多利润。传统的二维 CAD（computer aided design，计算机辅助设计软件）工具，仍然停留在平面重复翻图的层面，深化设计人员的工作负担大、精度低，且效率低下。利用 BIM 技术可以大幅提升深化设计的准确性，并且可以三维图直观反映深化设计的美观程度，实现 3D 漫游与可视化设计。

深化设计是建筑工程的难点之一。例如，机电安装专业的管线综合排布一直是困扰施工企业深化设计单位的一个难题，许多大型建筑工程项目，由于空间布局复杂、系统繁多，对设备管线的布置要求高，设备管线之间或管线与结构构件之间容易发生碰撞，给施工造成困难，增加项目成本，甚至造成二次施工。利用BIM，深化设计人员可将建筑、结构、机电等专业模型整合，再根据各专业要求及净高要求将综合模型导入相关软件进行碰撞检查，根据碰撞报告结果对管线进行调整、避让，对设备和管线进行综合布置，从而在实际工程开始前发现问题。

（二）有助于分专业协作

各专业分包之间的组织协调是建筑工程顺利施工的关键，是加快施工进度的保障，其重要性毋庸置疑。以往，暖通、给排水、消防、强弱电等各专业由于受施工现场、专业协调、技术等因素的影响，缺乏协调配合。在建筑工程施工中运用BIM技术，引导各专业人员进行多专业碰撞检查、净高控制检查和精确预留预埋等，提前对施工过程进行模拟，根据问题进行事先协调等，有助于减少沟通失误等造成的协调问题，推动分专业协作，从而降低施工成本。

（三）有助于施工现场的优化布置

如今，许多建筑工程项目面临周边环境复杂、施工场地狭小、周边建筑物距离近、绿色施工和安全文明施工要求高等问题，且现场平面布置不断变化，这给合理布置施工现场带来了困难。相关人员可建立现场BIM模型，把应用工程现场设备等族资源纳入模型之中，将BIM模型与环境关联，建立三维的现场平面布置，并通过参照工程进度计划，形象直观地模拟各个阶段的现场情况，灵活地进行现场平面布置，实现现场平面合理高效的布置。

（四）有助于施工进度优化

施工进度计划方案的选择在建筑工程施工中占有重要地位，而进度优化是进度控制的关键。BIM 技术的有效运用，可实现进度计划与工程构件的动态连接，并通过网络图、三维动画等形式直观表现进度计划和施工过程，方便工程项目的施工方、监理方与业主等不同参与方直观地了解工程项目情况。借助 BIM 技术，施工方可对施工进度进行精确控制，并通过计划进度与实际进度进行比较，及时分析偏差对工期的影响程度以及产生的原因，从而采取有效措施。

（五）有助于现场质量管理

现场质量管理以生产现场为对象，以对生产现场影响产品质量的有关因素和行为的控制及管理为核心，通过有效过程识别，明确流程，建立质量预防体系，建立质控点，制定严格的现场监督、检验和评价制度以及质量改进制度等，使整个生产过程中的工序的质量处在严格的控制状态，从而确保生产现场能够稳定地生产出合格产品和优质产品。现场质量管理实施涉及人、机、料、法、环、测，是一项系统工程，人、机、料、法、环、测要达到预定的标准，过程才会稳定受控，产品一致性才会好。利用 BIM 技术，相关人员可将质量信息融入 BIM 模型，通过模型浏览，让质量问题能在各个层面上实现高效流转，从而推动现场质量管理工作的高效开展。

五、常见的 BIM 软件

BIM 应用离不开软（硬）件的支持，在项目的不同阶段或不同目标单位，需要选择不同软件并予以必要的硬件和设施设备配置。BIM 工具有软件、硬件和系统平台三种类别。硬件工具包括计算机、三维扫描仪、3D 打印机、全站仪机器人、手持设备、网络设施等；系统平台是指由 BIM 软（硬）件支持的模型集成、技术应用和信息管理的平台体系。下面着重介绍一下 BIM 软件：

BIM 软件的数量十分庞大，BIM 系统并不能靠一个软件实现，或靠一类软件实现，而是需要不同类型的软件，而且每类软件也有许多不同的产品。

BIM 软件分为核心建模软件和用模软件，如图 6-2 所示，图中央为核心建模软件，围绕其周围的均为用模软件。下面主要介绍一下 BIM 核心建模软件：

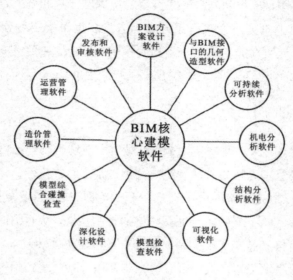

图 6-2　BIM 软件分类

目前，常用的 BIM 核心建模软件主要有 Revit、Bentley 等。

（一）Revit 系列软件

欧特克公司的 Revit 系列软件是目前国内市场上的主流 BIM 软件，具有强大的族功能。欧特克公司是世界领先的设计软件和数字内容创建公司，始建于 1982 年。

Revit 系列软件是专为构建建筑信息模型而开发的，可帮助建筑设计师设计、建造和维护质量更好、能效更高的建筑。Revit 系列软件主要用于进行概念设计、结构设计、系统设备设计及工程出图，覆盖了从项目规划、概念设计、细节设计、分析到出图等阶段。

（二）Bentley 系列软件

Bentley 系列软件是 Bentley 软件公司为满足不同专业人士的需求而量身打造的针对基础设施资产全生命周期的解决方案。从产品本身看，Bentley 系列软件的专业化程度高、数据和平台统一性强、入门门槛较高，属于高壁垒型产品。Bentley 系列软件有三维参数化建模、曲面和实体造型、管线建模、设施规划等功能模块，还包括 3D 协调和 4D 规划功能，以方便项目团队之间的协同管理。

第二节　BIM 技术在装配式建筑设计中的应用

随着越来越多装配式建筑的出现，其在设计阶段面临的信息需高度集成共享、设计精度要求高以及设计需满足标准体系的挑战也日益凸显。BIM 技术具有的特点恰好能够应对上述挑战，更好地服务于装配式建筑全过程，推动建筑的工业化发展。

一、BIM 技术在装配式建筑设计中应用的必要性

装配式建筑生产周期短、结构性能好，可以取得良好的经济效益和社会效益，未来将会有越来越多的装配式建筑出现，主要集中于住宅、公共建筑、商业大厦、厂房等。但随着经济和社会的发展，人们对建筑的设计要求越来越高，同时由于装配式建筑的建造过程有别于传统建筑的建造过程，其建筑设计也面

临新的挑战。

①装配式建筑设计的各专业之间以及设计、生产和拼装部门之间的信息需要高度集成和共享，做到主体结构、预制构件、设备管线、装修部品和施工组织的一体化协作，优化设计方案，减少因"信息孤岛"造成的返工。

②由于装配式建筑构件采用工厂化的生产方式，因此对设计图纸的精细度和准确度的要求较高，如需提高预埋节点和连接节点的位置和尺寸精度，减小预制构件的尺寸误差，加强防水、防火和隔音设计等。

③装配式建筑及其构配件的设计需要满足规定的标准体系，实现建筑部件的通用性及互换性，使规格化、通用化的部件适用于不同建筑，而大批量的规格化部件的生产可降低成本，提高质量，推动建筑的工业化发展。

从现阶段的装配式建筑所面临的种种问题可以看出，目前，传统的建筑设计方式无法从根本上满足装配式建筑在"标准化设计、工厂化生产、装配化施工、一体化装修和信息化管理"等方面的要求。因此，BIM 成为建筑业各方关注的焦点。BIM 技术具有建筑模型精确设计、各设计专业以及生产过程信息集成、建筑构配件标准化设计等特点，能够更好地服务装配式建筑设计、生产、施工、管理的全过程，进一步推动建筑工业化的进程。

二、基于 BIM 的装配式建筑设计关键技术

（一）设计流程

预制装配式建筑的核心是预制构件，在施工阶段预制构件能否按计划直接拼装，取决于预制构件设计的好坏，因此预制装配式建筑的设计非常关键。预制构件的设计过程涉及多角色间的配合，与一般建筑相比，其对信息传递准确性和及时性要求都较高。

一般建筑的设计流程，主要由土建专业人员先创建建筑方案设计模型，

然后配合机电人员依次按照项目阶段进行设计与建模工作，最后形成施工图设计模型。而预制装配式建筑的设计流程应在一般建筑的设计流程上，考虑预制构件在整个流程中的特殊性，加入预制构件选择（从构件库中提取）、预制构件初步设计和预制构件深化设计等环节，重新布置设计流程，如图 6-3 所示。

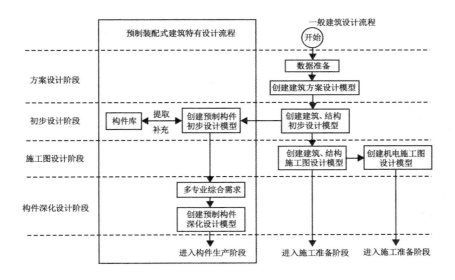

图 6-3　预制装配式建筑 BIM 设计流程图

整个 BIM 设计流程分为方案设计、初步设计、施工图设计和构件深化设计四个阶段，其中预制构件设计在初步设计和构件深化设计两个阶段。

构件的外观和功能设计是初步设计的基础。合理的预制构件类型和尺寸选择，将极大地扩大构件的批量生产规模，提高生产效率，体现工业化生产的优势。

在整个设计流程中，预制构件深化设计是关键环节，它集合了多方角色的需求，构件的开洞留孔、预埋、防水保温、配筋、连接件等信息都是在设计阶段就已精确计算好的，并能直接生产成型。这要求设计人员在构件深化设计阶段就应综合考虑土建、机电、建材等参与方，将各方的需求进行汇总，融入设计。通过预制构件深化设计，设计人员在预制构件生产前就对后续各方功能的实现进行宏观把握，最终实现预制构件深化设计的高度集成。

1.方案设计阶段

在方案设计阶段，土建专业人员准备文件，创建建筑方案设计模型，作为整个 BIM 模型的基础，为建筑后续设计阶段提供依据及指导性文件。

2.初步设计阶段

在初步设计阶段，土建专业人员从技术可行性和经济合理性的角度出发，在方案设计模型的基础上，创建建筑初步设计模型和结构初步设计模型。在预制构件方面，土建专业人员依据设计方案中各方对构件的外观与功能需求，从构件库中选择合适的预制构件，建立预制构件初步设计模型。若有新增构件，土建专业人员需将其添加到构件库中进行完善，保持对构件库的更新。

3.施工图设计阶段

在施工图设计阶段，土建专业人员与机电人员进行冲突检测、三维管线综合、竖向净空优化等操作，创建土建施工图设计模型与机电施工图设计模型，并交付至施工准备阶段。

4.构件深化设计阶段

在构件深化设计阶段，预制构件相关的各参与方分别提出各自的需求，施工总承包方进行综合，集中反映给构件生产商，构件生产商根据自身的构件制作水平，将各需求明确反映于深化图纸中，并与施工总承包方进行协调，尽可能实现一埋多用，将各专业需求统筹安排。最终由总承包依据集合后的各专业需求对深化设计成果进行审核，形成最终构件深化模型，并交付给构件生产商进行构件的生产。

（二）设计标准

为使 BIM 技术在预制装配式建筑中得到较为理想的运用，还要围绕相关标准对其进行不断完善。

1.分类标准

对于预制装配式建筑中 BIM 技术应用的规范化控制而言，需要从分类标准方面进行。各个设计流程中涉及的所有任务划分、角色划分、构件划分等，都需要进行标准层面的分类，如此才能充分提升 BIM 技术的整体落实效果。

2.格式标准

对于 BIM 技术的实际落实运用，还需要使其在预制装配式建筑中能够统一所有信息格式，使其相关信息数据能够具备更强的相互匹配性，达到交互应用的效果，尤其是对于数据格式，必须进行统一。

3.交付标准

在预制装配式建筑中运用 BIM 技术，需要使其能够在信息交付中具备合理的标准要求，使其相应交付流程以及具体的交付文件都能够较为规范，并且能够完成上下游信息的有效过渡，避免出现交付偏差。

4.信息编码标准

在预制装配式建筑中运用 BIM 技术，还需要结合国家统一标准进行规范，使其相应信息编码标准能够较为统一，如此才能为后续应用提供较好的协调维护价值。

（三）设计方法

装配式建筑设计对后期的施工具有重要的作用，传统的设计形式明显无法满足要求，但 BIM 技术的应用也存在利用效果不足等问题，影响了装配式建筑设计的效果。下面结合实际情况提出三点意见：

1.完善 BIM 建筑数据库，整合建筑工序

BIM 技术在建筑领域被广泛应用，装配式建筑设计应用的首要环节就是建立完整的数据库，为后续的建筑设计和施工提供参考。数据库的建立，必须注重装配式建筑工序的整合，将组装配件、电气设备以及施工器械等内容添加到 BIM 平台上。由于数据库信息较为冗杂，BIM 系统要按照不同的程序和类别以

统一的标准对每个设计环节进行有针对性的管理。同时，建筑工序的整合还要利用 BIM 技术分层的特点，通过三维处理方法把设计的平面施工方案转变为立体动态模型，方便设计人员及时找出问题，尽快修正。

　　2.构建标准化建筑设计平台

以往的装配式建筑设计将施工设计与具体设计工作分离，只重视建筑主体和结构，忽视了施工环节，导致设计方案与实际的工程不相适应。在应用 BIM 技术的过程中，设计人员要注意这一点，要构建标准化建筑设计平台，把技术标准和模块设计作为重点内容。技术标准的确定，可参考装配式建筑的相关技术操作标准，并围绕影响 BIM 技术应用的关键因素展开讨论。模块系统的设计，简单来说，就是将复杂的装配式建筑拆分成多个小的模块，借助 BIM 技术连接到一起，以此降低建筑设计的难度。

建筑模块设计的过程可分成三个步骤：

①前期系统设计。模块化需要借助一定的数据支持，在前期设计的过程中，对建筑的每个环节进行综合考虑，明确系统设计的目的和内容。

②模块层级的划分。空间的功能区块划分是装配式建筑设计的内容之一，划分时需要考虑模块的层级。

③模块的组合分析。建筑样式不同，其空间模块的组成也不同，可以借助 BIM 技术的三维模拟技术，试验多种模块组合方案，以便得出最佳的方案。

例如，某装配式建筑住宅共有七个单体，建筑总面积约为 13 万平方米，工程采用了总承包模式。在利用 BIM 技术进行模块设计时，设计人员首先要明确建筑施工的目的和内容。本工程是装配整体式剪力墙结构体系，需要考虑的内容主要有框架梁体的安装、楼梯的架设和梁体的混凝土浇筑。然后，因工程是住宅建筑，设计人员需从建筑单元和单个空间开始设计。整体空间的功能模块设计，可分成楼梯空间、阳台、剪力墙、标准层等。单个空间设计则要从室内空间功能划分，如客厅、卧室等。最后，设计人员结合用户的需求在 BIM 平台上对各级模块进行组合，设计出最佳户型。

3.装配式构件拆分设计

通过上面的分析可知，在运用 BIM 技术进行装配式建筑设计时，对装配式构件的拆分设计是重要的内容之一。简单来说，就是将复杂的装配式建筑整体拆分为多个个体。在实际的设计过程中，需要按照三个程序进行：

第一，设计工序的标准化。在 BIM 技术支持下，装配式建筑设计可以依托网络平台进行，要对建筑整体进行全面分析，并明确各个部分的设计工序。

第二，按照设计流程进行，并构建相应的数据库，为三维模型的设计提供准确的数据参考。

第三，分别对建筑的内部和外部空间进行拆分，绘制平面图。

以保障性剪力墙结构建筑为例，首先，构建 BIM 技术平台，制定标准化的设计工序，并要求不同阶段的设计人员按照同样的设计规范对保障房项目的预案进行有序、准确设计，减少各自为政带来的数据信息错误。其次，简化预制部件的设计流程，按照规格数据少、组合方案多的要求，对部件提前进行拆分，降低设计工作的重复率。最后，建立种类划分明确的预制部件数据库，并在设计时选择符合实际情况的构件模型。同时，选取部件模型后利用 BIM 技术制作可视的三维立体模型，为发现和改正设计问题提供技术支持。

三、BIM 技术在装配式建筑装修设计中的应用价值

装配化装修也称工业化装修，是由产业工人将工厂预制生产的部品、部件（包括架空地面、集成吊顶、装配式隔墙、集成厨房、集成卫生间、模块家具、集成机电设备及所需要的组件等）运到现场，按照标准化程序进行组合安装的装修方式。

装配化装修强调在技术层面对设计精细度、专业协同度的拔高与深化。首先是设计模数化，模数是一切工业制品的基础，是最底层的公约数与度量衡；在此基础上是部品模块化，符合模数的小部品组成系列化大类别部品，并与建

筑空间尺寸进行耦合，通过规模化制造，完成工作任务；在模数化与模块化的基础上是空间标准化，对底层模数与部品模块进行尺寸适应，保证空间的通用性、灵活性与多样性；最后是作业方式层面上的施工装配化，实际上是前三层次累积后的结果。BIM 所具有的协同设计、可视化、分析模拟、非物理信息集成能力对装配式全装修的设计、生产、安装及维护过程都有着明显的效率与质量增益，因此将 BIM 技术应用于装配化装修是时代发展的需求。

（一）建筑设计与装修设计协同工作

传统的装修设计是在建筑设计及施工完成之后才进行的，在这个过程中装修设计普遍独立于建筑设计，缺乏各个专业单位的协同配合，易发生碰撞和漏洞等问题。BIM 是建筑全生命周期信息的集合，其将结构、水电等各专业的信息模型整合为一个整体。在 BIM 技术的支持下，技术人员将装修设计与建筑结构、机电设计等紧密联系，及时根据建筑方案进行更新检测，识别发生碰撞的问题所在，然后做出调整，采取相应的补救措施。

1.土建、内装一体化设计

强调土建、内装的零冲突以及管线分离，最理想的方式是土建与内装设计同步完成，从源头实现一体化集成设计。因此，该阶段的首要任务是充分落实建筑、结构、机电、室内等专业的协同设计。目前，BIM 技术提供了以模型为统一载体的协同基础，BIM 软件的三维可视化、碰撞检查等实用性功能在一定程度上可减少、消解设计冲突，但具体到协同环节的落实上仍存在一些细节问题，需投入资源逐一磨合解决。

2.内装部品设计

内装部品主要包括地面、轻质内隔墙、集成吊顶、内门窗、整体厨卫、设备与管线等成套系统的设计，此外还有储藏收纳、智能化系统等的设计。应该注意的是，上述每个系统在设计中都需要考虑型号规格、产品兼容性等标准性问题，在专业职能上更偏向工业设计，其所用的工具软件遵循 IFC 标准，支持导出至 BIM 软件进行应用。因此，对于设计方而言，值得注意的是建立内装部品数据库（包含产品、供方信息等）并提高产品选型、组合优化能力。

（二）BIM 可视化模型库

三维可视化是 BIM 技术的特点之一，通过 BIM 技术可以将装修设计用三维模型展示，呈现三维的渲染效果，甚至可以对室内进行三维动态模拟。BIM 在精装修中的可视化设计分为可视化审图、可视化深化设计和可视化漫游三部分。可视化审图的可实施性建立在分专业模型创建的基础上，在分专业模型检查后再进行专业碰撞，汇总成果后与业主、设计、监理共同以审图会形式对 BIM 模型进行会审，最后形成 BIM 图纸会审报告。可视化深化设计是通过可视化模型，依据现行规范以及专业技术、材料特点、业主要求和设计要求进行方案和模型的进一步深化。可视化漫游的实现须基于装配式构件的预先排布，通过软件导出漫游动画、全景漫游、移动漫游来进行室内效果的展示，以便于技术交底和现场作业。BIM 技术可视化程度高，直观且易于修改，极大地缩小了与实际装修效果的差距，让业主有更直观、真实的感受。

（三）BIM 标准模数设计

为了实现工业化大规模生产，使装修构配件具有一定的通用性和互换性，与建筑结构相协调，并且使施工过程更加顺利，节约资源，在设计中要特别注意模数的重要性。对于装配式精装修住宅而言，在建筑结构设计时常采用 3M（M 为基本模数），因此在装饰材料设计时也采用 3M 模数，这样做的好处在于能使墙顶的材料模块拼装分缝对齐统一，避免因板块尺寸不统一而出现拼缝凌乱等情况。在进行模块化设计时，要考虑尺寸和定位的精准性，使部品能够工业化批量生产。

第三节　BIM 技术在装配式建筑构件
制作阶段的应用

一、基于 BIM 的构件生产管理流程

　　PC 工程的 BIM 模型中心数据库用于存放具体工程建造生命周期的 BIM 模型数据。在深化设计阶段，将构件深化设计所有相关数据传输到 BIM 中心数据库中，并完成构件编码的设定；在预制构件生产阶段，生产信息管理子系统从中心数据库读取构件深化设计的相关数据以及用于构件生产的基础信息，同时将每个预制构件的生产过程信息、质量检测信息返回记录在中心数据库中；在现场施工阶段，基于 BIM 模型对施工方案进行仿真优化，通过读取中心数据库的数据来了解预制构件的具体信息（重量、安装位置等），同时在构件安装完成后，将构件的安装情况返回记录在中心数据库中。考虑到工程管理的需要，也为了方便构件信息的采集和跟踪管理，技术人员在每个预制构件中都安装了 RFID（radio frequency identification，射频识别）芯片，芯片的编码与构件编码一致。同时将芯片的信息录入 BIM 模型，通过读写设备实现 PC 建筑在构件制造、现场施工阶段的数据采集和数据传输。整个平台的信息流程，如图 6-4 所示。

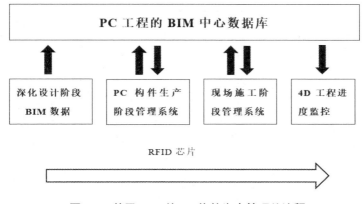

图 6-4　基于 BIM 的 PC 构件生产管理总流程

二、基于 BIM 的构件生产过程信息管理

构件生产信息管理系统涉及构件生产过程信息的采集，需要配合读写器等设备才能完成，因此根据信息管理系统的需要，技术人员开发了相应的读写器系统，以便快捷有效地采集构件的信息以及与管理系统进行信息交互。

（一）系统功能及组织流程

1.系统功能

该系统是装配式住宅信息管理平台的基础环节，通过 RFID 技术的引入，使整个预制构件的生产规范化，也为整个管理体系搭建起基础的信息平台。根据实际生产的需要，规划系统的功能结构如图 6-5 所示。

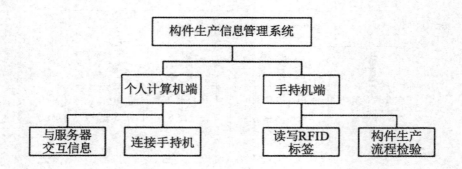

图 6-5　规划系统的功能结构

　　构件生产信息管理系统分为两个工作端，即个人计算机端和手持机端，其工作对象是预制构件的生产过程，通过与后台服务器连接，初步构建整个体系的框架，为后续更加细致化的信息化管理打下基础。

　　手持机端主要完成两个任务：一是作为 RFID 读写器，完成对构件中预埋标签的读写工作；二是通过平台下的生产检验程序来控制构件生产的整个流程。

　　个人计算机端通过自主开发的软件系统与读写器和服务器进行信息交互，也主要完成两方面的工作：一是按照生产需要从服务器端下载近期的生产计划并将生产计划导入手持机中；二是在每日生产工作结束后将手持机中的生产信息上传到服务器。

　　2.组织流程

　　该系统的组织流程：上班前，工作人员开启计算机，使构件厂计算机自动连接系统服务器并下载构件生产计划表，然后工作人员将手持机连接到计算机上并下载生产计划,生产过程中用手持机对 RFID 芯片进行读写操作并做记录，下班后将构件生产信息储存到计算机，再通过网络上传到服务器。

（二）手持机工作流程设计

可以通过手持机系统检验构件的生产工序并对生产过程进行记录，保证生产流程的规范化。预制构件详细的生产流程如图 6-6 所示。根据生产流程设计手持机系统的应用流程。

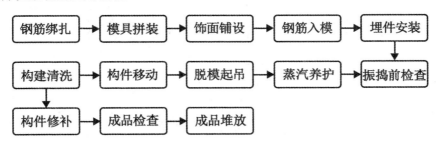

图 6-6　预制构件生产流程

首先是手持机初始化工作，包括生产计划更新、手持机数据同步、质检员身份确认等过程。

钢筋绑扎是第一道工序，该工序完成后施工人员会将每个构件与对应的 RFID 芯片绑定。施工人员用手持机在生产车间扫描构件深化设计图纸上的条形码，正确识别后，进行钢筋绑扎工作，绑扎完毕后由质检员进行钢筋绑扎质量检查，当所有项目检查合格后扫描构件的 RFID 标签，在标签中写入构件编码，并写入工序信息（即工序号）、检查结果、施工人员编号、检查人员编号、完成时间等具体信息。具体流程见图 6-7。

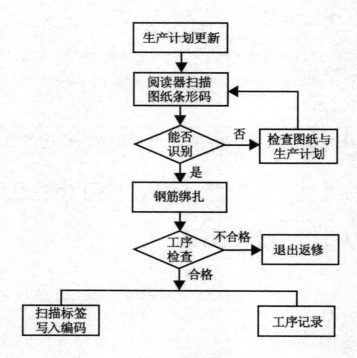

图 6-7 钢筋绑扎流程

　　需要对构件生产过程中的每道工序进行检查和记录，如图 6-8 所示。某项特定工序完成后，可通过扫描图纸条形码或构件标签的方式进入系统相应的检查项目。按照系统界面进行相关操作，手持机系统会记录每个完成工序的信息。当天完工后，要将手持机记录的构件工序信息同步上传到平台生产管理系统中。构件生产完成后如果检查不合格，质检员就要根据相关规定对构件进行报废处理，构件的报废流程如图 6-9 所示。

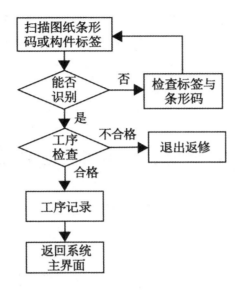

图 6-8　工序检查流程

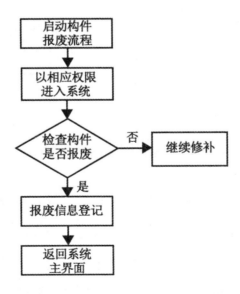

图 6-9　构件报废流程

构件生产检验合格后，工作人员就要及时更新系统中的构件信息并安排堆场存放。构件进场堆放时要登记检查，即用阅读器扫描构件标签，确认并记录构件入库时间。数据上传到系统后，系统会更新堆场构件信息。

第四节　BIM 技术在装配式建筑施工阶段的应用

一、BIM 技术在装配式建筑施工阶段应用的必要性

装配式建筑的建造方式区别于传统建筑的建造方式，具有场地布置要求高、吊装工艺复杂、各专业工序交替、施工协同难度大、在信息互联方面表现得更为紧密等特点。而以 BIM 为代表的信息化技术，因其参数化、可视化和协调化的功能优势，为我国建筑工业化的发展赋予了新的使命，所以在装配式建筑施工阶段应用 BIM 技术十分有必要。将 BIM 技术应用于装配式建筑施工阶段，可以丰富企业 BIM 构件库，结合 RFID 技术对构件实施跟踪管理，借助 4D 施工管理提高装配质量，共同推动装配式建筑实现施工阶段的信息化创新。

装配式建筑的施工方法较传统建筑的施工方法有很大改变。在施工阶段，装配式建筑具有提高生产效率、缩短施工周期、确保工程质量与安全等优势。具体来说：

第一，提高生产效率。在传统施工方法中，钢筋、模板验收完毕后，才开始浇筑混凝土，这个过程非常漫长，对时间的利用率很低。而装配式建筑

的构件在预制工厂进行批量生产，减少了搭设脚手架、绑扎钢筋、支设模板等工作量，因此生产效率大大提高，尤其是对结构中复杂部位的处理，其优势更加突出。

第二，缩短施工周期。对于传统的现浇混凝土施工模式，一层主体结构的建造需要5天左右的时间，考虑到抹灰等装饰工程与主体施工不是同时进行，混凝土的养护也需要一个过程，所以一层主体结构的施工时间大约为7天。装配式建筑的预制构件可以进行批量化生产，并且可将多项专业技术应用于同一构件上，运输到施工现场前就已经是成品或半成品，在施工现场只需对预制构件进行吊装与拼接，这样一来就在很大程度上缩短了工期。

第三，确保工程质量与安全。传统的现场施工，由于工人水平不一、沟通不到位，所以质量验收不合格等情况难以避免。相比之下，装配式建筑的预制构件在工厂生产，后期的养护、储存过程也便于温度、湿度等因素的控制，从而更能保证预制构件的质量。此外，传统的建造方式有大量的露天作业、高空作业，存在极大的安全隐患，而工业化的建造方式减少了这种不安全作业的工作量。

与此同时，装配式建筑在施工过程中也存在一些突出的弊端。比如，在装配式建筑安装过程中容易产生构件缺货、装配错误、构件管理混乱等问题；装配式建筑对工程项目各个环节以及各个参与方的协同程度要求更高，如果某一个环节的信息传递出现差错，会造成成本增加、效率降低等后果。这些施工阶段的技术和管理问题影响了我国装配式建筑的发展。

BIM技术则很好地解决了装配式建筑施工阶段的难题。应用BIM技术可剖析预制装配式建筑施工过程中出现的各种数据，协调重新组合不同建筑工程的数据，建立仿真模拟3D信息模型的建筑物，从而促进项目的优化。

首先，在项目施工阶段，项目精细化管理始终难以实现，其根本原因在于项目的海量数据无法快速、准确获取，运用BIM技术可以自动识别构件之间的冲突碰撞，降低返工的风险，从而减少浪费，在三维模型的基础上引入时间进度计划，创建4D模型进行施工模拟，监控施工进度，在4D模型的基础上还可以关联成本信息，加强成本管控、可视化安全交底，以减少现场安全事故的发生。

其次，探索搭建基于 BIM 模型的协同平台，能够解决施工阶段各参与方的沟通问题。PC 项目构件拆分设计后，二维图纸多、各专业工序交替施工，比传统住宅协同的环节更多，施工现场 BIM 与 RFID 技术等多参与方协同工作系统的应用，有利于项目参与方的信息沟通和数据共享，创新施工管理的模式和手段。

最后，装配式建筑与 BIM 技术的结合符合当前发展装配式建筑的要求，住房和城乡建设部提出要促进建筑业与信息化的深度融合，尤其强调了要推进基于 BIM 技术的装配式住宅的发展。因此，开展 BIM 技术在装配式建筑施工阶段管理中的应用研究，可以提高施工阶段项目目标的精细化管理水平，解决当前建筑业资源消耗高、劳动力短缺和信息集成度不高等突出问题，有着重要的理论意义和实际价值。

二、BIM 技术在施工进度控制中的应用

传统项目进度管理，主要是通过进度计划的编制和进度计划的控制来实现。在进度计划执行过程中，检查实际进度是否按计划执行，若出现偏差就及时找出偏差原因，然后采取必要的补救措施加以控制。由于我国建设工程的规模越来越大，影响因素和参与方增多，协调难度剧增，导致传统进度管理缺乏灵活性，经常出现实际进度与计划进度不一致的情况。

在预制装配式住宅 BIM 模型的基础上，关联项目进度计划形成 4D 施工工序模拟，在模型中查看构件的状态信息并调整构件的时间参数（开始、结束和持续时间），BIM 模型就会自动显示增加或减少的构件，准确、快速地统计每个区域的构件量。在施工过程中，通过扫描构件二维码，可进行实际施工进度与模型的对比，模型会发出进度预警（红色表示进度滞后、绿色表示进度提前），

然后施工人员根据预警信息及时调整进度。

三、BIM 技术在施工过程质量控制中的应用

传统施工图纸用线条表达各个构件的信息，而真正的构造形式需要施工人员凭经验去想象，技术交底时不够形象、直观；BIM 可视化交底是以三维的立体实物图形为基础，通过 BIM 模型全方位地展现其内部构造，不仅可以精细到每一个构件的具体信息，也方便从模型中选取复杂部位和关键节点进行吊装工序模拟。逼真的可视化效果能够加深工人对施工工艺的理解，从而提高施工效率和构件安装质量。

在搭建装配式住宅 BIM 模型时，各专业穿插进行容易造成不同专业的构件发生碰撞。在利用传统的二维图纸进行管线协调时，需要花费大量的时间去发现专业之间"错、碰、漏、缺"等问题，而在三维可视化下可以准确展现各部分的空间布局和管线走向，提前检查碰撞点并对管线重新进行排布，生成预留孔洞，减少现场返工。传统二维图纸对预制构件进行拆分时，不能很好地考虑构件之间的整体性，这可能导致预制构件之间不能准确搭接。利用 BIM 软件的可视化功能从整体角度考虑构件之间连接的合理性，单独生成构件施工图指导现场构件安装施工，顺利解决了上述问题。

在进行钢筋专业深化时，利用 Tekla 软件建立 PC 构件钢筋 BIM 模型。钢筋的三维排布更容易发现节点处的碰撞问题，从而使构件钢筋排布更为合理。即使钢筋排布出现问题，也可以根据检测结果修改钢筋间距和位置，并与设计单位就碰撞问题进行讨论，降低现场施工难度。

机电专业深化分为两个部分：管线综合优化，管线排布优化设计，指导现场施工；与土建 BIM 模型协同进行碰撞检查，确定预留洞口位置，既能提高效率，又能确保正确率。

四、BIM 技术在施工过程成本控制中的应用

传统模式下，工程量信息是基于 2D 图纸建立的，造价数据掌握在分散的预算员手中，数据很难准确对接，导致工程造价快速拆分难以实现，不能进行准确的资源分析。而具有构件级的 BIM 模型，关联成本信息和资源计划形成构件级 5D 数据库，根据工程进度的需求，选择相对应的 BIM 模型进行框图，调取数据，分类汇总，形成框图出量，然后快速输出各类统计报表，形成进度造价文件，最后提取所需数据进行多算对比分析，提高成本管理效率，加强成本管控。

五、BIM 技术在构件生产上的应用

（一）构件深化设计

利用 BIM 技术，可以对施工图进行深化设计，得出构件加工图。构件加工图可以在 BIM 模型上直接完成，不仅能清楚表达传统图纸的二维关系，而且可以清楚地表达复杂空间的剖面关系。

（二）构件生产指导

利用 BIM 技术，在构件生产加工过程中，可以直观表达构件空间关系和各项参数，自动生成构件下料单、派工单、模具规格参数等，还可以通过可视化的交底帮助工人更好地理解设计意图，提高工人生产的准确性和效率。

（三）构件数字化生产

利用 BIM 技术，可以将设计给出的 BIM 模型中的信息数据转化为生产参

数，然后输入生产设备，实现构件的数字化生产。

（四）优化构件堆放

在预制构件厂，对构件进行分类生产、储存需要投入大量的人力和物力，并且容易出现各种错漏。利用 BIM 技术，可以模拟工厂内预制构件的堆放位置与通道，辅助技术人员优化堆场内构件的布置。

六、BIM 技术在构件安装上的应用

（一）规划运输路线

利用 BIM 技术，结合地理信息系统，可以模拟构件在公路上的运输路径与运输条件，查找运输中可能出现的问题，作出合理的运输规划。

（二）优化安装工序

利用 BIM 技术，将施工进度计划写入 BIM 信息模型，把空间信息与时间信息整合在一个可视的 4D 模型中，然后导入施工过程中各类工程测量数据，让施工现场的安装工序变得可视化，提前发现可能的工序错误，提高各分项工程承包商间的协调度，避免发生冲突。

（三）可视化交底

利用 BIM 技术，可以进行复杂部位和关键节点的施工模拟，并以动画的形式呈现出来，实现可视化交底，提高工人对施工工序的熟悉度，提升施工效率。

（四）优化施工平面布置

利用 BIM 技术，模拟预制构件现场运输与吊装，可以辅助技术人员优化施工现场的场地布置，减少构件、材料的二次搬运，提高吊装机械的效率。

（五）质量控制

结合 BIM 技术与 RFID 技术，构件安装人员可以在 RFID 中调出预制构件的相关信息，并与 BIM 模型中的参数进行对照，提高预制构件安装过程中的质量管理水平和安装效率。

参 考 文 献

[1] 曹孝平.装配式建筑施工技术在建筑工程施工管理中的应用[J].江苏建材，2023（6）：96-97.

[2] 陈楚晓.装配式建筑关键技术在绿色建筑中的应用[J].工程与建设，2023，37（5）：1579-1581.

[3] 陈井澎.装配式混凝土建筑结构工程技术分析[J].工程建设与设计，2023（19）：145-147.

[4] 陈俊江.装配式住宅建筑的施工技术和控制对策[J].居舍，2023（32）：35-38.

[5] 陈龙.装配式建筑施工技术在建筑工程施工管理中的应用[J].居舍，2023（33）：22-25.

[6] 杜宇航.装配式建筑及装配式墙板在工程中的应用[J].城市建设理论研究（电子版），2023（35）：57-59.

[7] 付洁璠.装配式混凝土建筑结构施工技术要点[J].石材，2023（12）：93-95.

[8] 季鹏.装配式建筑结构混凝土浇筑施工技术研究[J].建筑机械化，2023，44（10）：64-66.

[9] 金崎.装配式建筑智能化质量管理综述研究[J].城市建设理论研究（电子版），2023（29）：70-72.

[10] 冷亚平.绿色建筑角度下装配式建筑的优势与发展探讨[J].住宅与房地产，2023（32）：71-73.

[11] 李卡.装配式建筑施工技术与质量管控方法探究[J].砖瓦，2023（10）：126-128.

[12] 李娜，覃霞.超高性能混凝土材料在装配式建筑中的应用[J].江苏建材，2023（6）：20-21.

[13] 刘丽莉.保温一体化技术在装配式建筑施工中的应用[J].住宅与房地产，

2023（29）：110-112.

[14] 刘兴兰.装配式建筑复合材料在装修装饰工程中的应用[J].佛山陶瓷，2023，33（11）：122-124.

[15] 刘亚琴.装配式建筑工程管理的控制要点分析[J].城市建设理论研究（电子版），2023（35）：36-38.

[16] 刘自新.装配式住宅建筑预制构件安装施工质量控制[J].陶瓷，2023（10）：233-236.

[17] 刘宇甜.基于装配式建筑项目管理中构件供应的可靠性分析[J].中国建筑金属结构，2023，22（10）：181-183.

[18] 卢煜，刘明蓉，周渝，等.装配式建筑外围护结构节能技术研究综述[J].西华大学学报（自然科学版），2023，42（6）：93-103.

[19] 陆志强.预制装配式混凝土住宅施工关键技术研究[J].四川建材，2023，49（11）：125-127.

[20] 鹿鑫，郭栋栋，郑明扩.装配式建筑防渗水措施及重难点研究[J].工程建设与设计，2023（21）：154-156.

[21] 罗延峰，罗艳兴.BIM技术在装配式建筑工程中的应用[J].砖瓦，2023（12）：108-110.

[22] 吕旭华.装配式建筑施工技术质量控制措施[J].散装水泥，2023（6）：134-136.

[23] 彭鹏,张文文.基于BIM技术的装配式建筑在绿色建造中的应用研究[J].住宅与房地产，2023（35）：52-54.

[24] 邱丽莎.装配式建筑施工管理问题分析与优化措施研究[J].陶瓷，2023（11）：231-233.

[25] 瞿民江.基于智能建造的装配式建筑施工关键技术研究与应用[J].砖瓦，2023（11）：155-157.

[26] 沈小芹.基于BIM技术的装配式建筑设计方法研究[J].住宅与房地产，2023（35）：73-75.

[27] 宋二川.装配式建筑施工阶段安全风险评价[J].陶瓷,2023（12）：228-230.

[28] 孙浩,张涵,郭强,等.绿色材料在装配式建筑中的应用[J].住宅与房地产,2023（35）：61-63.

[29] 孙宏明,张狄龙.装配式混凝土建筑施工质量风险及控制要点研究[J].工程质量,2023,41（10）：22-26.

[30] 田龙.基于BIM技术的装配式建筑智慧管理应用探索[J].四川建筑,2023,43（6）：269-272.

[31] 童侨,刘汉缘.装配式建筑施工安全管理风险与策略探究[J].陶瓷,2023（12）：225-227.

[32] 王启超.预制装配式建筑防水技术研究及实践策略分析[J].散装水泥,2023（5）：110-112.

[33] 王旭良.基于BIM技术的装配式建筑低碳节能研究[J].智能建筑与智慧城市,2023（10）：114-116.

[34] 王志斌,顾星,刘冰,等.装配式混凝土建筑结构施工技术要点与研究[J].四川建材,2023,49（11）：166-168.

[35] 王志伟.装配式建筑施工混凝土质量管控的探究[J].大众标准化,2023（24）：96-98.

[36] 夏天.BIM技术在装配式建筑施工过程中的应用研究[J].智能建筑与智慧城市,2023（10）：99-101.

[37] 徐磊磊.装配式建筑工程钢结构施工技术及管理对策分析[J].大众标准化,2023（23）：52-54.

[38] 许晓恋.试析装配式混凝土建筑施工技术及质量控制[J].散装水泥,2023（6）：75-77.

[39] 许增.装配式混凝土建筑管理模式创新的思考与探索[J].中外建筑,2023（10）：130-132.

[40] 杨硕.装配式建筑施工质量控制研究[J].工程建设与设计,2023（21）：

245-247.

[41] 姚健.装配式建筑发展现状及其制约因素与对策研究[J].安徽建筑,
2023,30（11）：185-187.

[42] 尹曜.预制装配式建筑结构施工技术现状与问题研究[J].陶瓷,2023
（10）：208-211.

[43] 张斌文.装配式混凝土建筑结构施工技术要点探究[J].建材发展导向,
2023,21（24）：180-182.

[44] 张虎.绿色建筑背景下装配式建筑技术的应用[J].佛山陶瓷,2023,33
（11）：54-56.

[45] 张黎明.装配式建筑施工技术与质量控制方法研究[J].中国新技术新产
品,2023（21）：108-110.

[46] 张美强.装配式建筑施工技术的优势和应用领域[J].中国建筑金属结构,
2023,22（10）：72-74.

[47] 赵成恭.装配式建筑施工智能建造技术与应用研究[J].中国建设信息化,
2023（22）：66-69.

[48] 赵富荣,李天平,马晓鹏.装配式建筑概论[M].哈尔滨：哈尔滨工程大学
出版社,2019.

[49] 赵怀玉.装配式建筑施工技术关键及质量控制方法[J].建设机械技术与
管理,2023,36（5）：138-139.

[50] 赵维树.装配式建筑的综合效益研究[M].合肥：中国科学技术大学出版
社,2021.

[51] 赵中华.装配式建筑施工安全风险评价及控制分析[J].黑龙江科学,
2024,15（8）：110-112.

[52] 周华安.装配式建筑施工技术在建筑工程施工管理中的应用价值[J].陶
瓷,2023（11）：234-236.